孩子读得懂的

强者法则

墨羽客 著　屈永强 绘

北方妇女儿童出版社

·长春·

图书在版编目（CIP）数据

孩子读得懂的强者法则 / 墨羽客著 ; 屈永强绘.

长春 : 北方妇女儿童出版社, 2024. 11. -- ISBN 978-7-

5585-8886-0

Ⅰ . B848.4-49

中国国家版本馆CIP数据核字第2024NY9600号

孩子读得懂的强者法则
HAIZI DU DE DONG DE QIANGZHE FAZE

出 版 人	师晓晖
责任编辑	刘　莉
装帧设计	韩海静
开　　本	16开
印　　张	8
字　　数	90千
版　　次	2024年11月　第1版
印　　次	2024年11月　第1次印刷
印　　刷	三河市南阳印刷有限公司
出　　版	北方妇女儿童出版社
发　　行	北方妇女儿童出版社
地　　址	长春市福祉大路5788号
电　　话	总编办：0431-81629600

定　　价	59.00元

前 言

小朋友，你想成为强者吗？

你肯定会回答："想！"

可是要怎样才能成为一名强者呢？

或许，你和强者之间就差了一本书。没错，就是你现在正在看的这本《孩子读得懂的强者法则》。

这本书是为你精心准备的成长指南，精选了二十条立身处世的重要行为准则，包括承担责任，敢于行动，保持激情、乐观和自信等内容，将一步一步引领你走向强者之路。欢迎你踏上这段探索之旅，一起发现成为强者的秘密。

本书没有干巴巴的说教，而是通过浅显易懂的语言，结合精美的插图和有趣的故事将重要的行为准则呈现出来。在阅读的过程中，你将会读到许多有宝贵品质的人，比如孔子、司马迁等。他们的故事将启发你、鼓励你，让你明白：面对困难时，不仅要有坚定的意志，还要用积极乐观的心态去面对；不仅要勇敢地尝试没接触过的东西，还要学会在变化中去适应和进步；只有能够控制自己的行为和情绪，才能在追求成功的道路上稳步前行……本书不只是知识的宝库，更是能激发你们内心强大力量的秘籍。

在学习、生活中，本书都会给你们提供宝贵的指引，能帮助你们勇敢地面对各种各样的挑战，充分发挥自己的潜力，创造出属于你们的精彩人生，助力你们走向成功和幸福的未来。

让我们一起翻开《孩子读得懂的强者法则》，开始这段自我发现和自我超越的旅程吧！

目　录

强者法则一　承担属于自己的责任

小小肩膀撑起一片天

承担属于自己的责任，就是要做好自己该做的事。比如按时起床、完成作业、打扫房间；做错事时要勇敢承认，积极改正，做个有担当的好孩子。

小朋友们，你们知道什么是责任吗？责任就像我们每天上学背的小书包，里面装满了我们的学习用品，我们要保护好它们，不让它们丢失或损坏。这就是我们对自己物品的责任。

我们的肩膀虽然很小，但已经足够强壮，可以承担起一些小小的责任。比如，我们在家里分担家务，或者在学校里认真完成作业，这些都是我们的责任。我们不需要做得多么完美，但我们要尽力而为，这就是对自己负责。

乔治·华盛顿是美国的奠基人，也是美国的首任总统。他以坚定的意志和高尚的品格，带领美国人摆脱了英国人的殖民统治，最终赢得了独立战争的胜利，承担起建立一个新国家的责任。

这份责任感其实在华盛顿小的时候就已经初见端倪。据说他小时候生活在一个农场，他的父亲种了很多樱桃树。

有一天，小乔治得到了一把新的斧头，非常兴奋。他想试试这把斧头有多锋利，于是在农场里找到了一棵小樱桃树，挥动斧头把它砍倒了。

当他的父亲发现这棵被砍倒的樱桃树时非常生气，便问是谁干的。小乔治虽然心里很害怕，但他知道撒谎是不对的。于是，他鼓起勇气，走到父亲面前说："爸爸，是我砍倒了樱桃树，我愿意承担后果。"

这是谁干的？我的樱桃树哟！

爸爸，是我砍倒了樱桃树，我愿意承担后果。

华盛顿的父亲被他的诚实和勇气感动，并没有责怪他，反而表扬了他的诚实。这个故事告诉我们：即使犯了错误，也要勇敢地承认并承担责任。

你看，华盛顿小的时候就明白了承担责任的重要性，敢站出来承认自己做错的事，并承担后果。他的肩膀不仅撑起了父亲对他的信任，也在日后撑起了整个新生的美国。

所以，小朋友们，承担属于自己的责任不仅仅是为了得到表扬或者奖励，更重要的是它能帮助我们成长。每当我们完成一项任务，我们就会学到新的东西，变得更加独立和自信。

要相信，当我们学着承担起属于自己的责任，并将其当成一个习惯，那么在未来，我们必能成为一个顶天立地的英雄。在这个过程中可能会遇到挑战与困难，但是请不要怕，就像我们学习骑自行车一样，一开始可能会摔倒，但只要我们不放弃，慢慢地，我们就能学会如何平衡，从而最终能够自由地骑行。

　　虽然我们的肩膀还很小，但我们也能撑起自己的一片天。就像小树苗，虽然现在还不高大，但它们每天都在努力生长，总有一天会长成参天大树。我们也要像小树苗一样，不管遇到什么困难，都要勇敢地面对，不放弃，不害怕，承担起属于自己的责任，坚持自己的梦想。

使命驱动的神奇力量

在生活的征途上，每个人都被赋予了独特的使命。使命如同内心深处的灯塔，照亮前行的道路，引领我们走向成就与荣耀。它不仅仅是一个目标或任务，更是一种深植于灵魂的召唤，激励我们超越平凡，追求卓越。

小朋友们，你知道使命感意味着什么吗？使命感可以带来强大的力量，它会让我们更加坚持自己所做的事，哪怕是遇到挫折与困难也毫不退缩。历史上，许多创下了丰功伟业的英雄，内心都有一种超强的使命感，正是这种使命感引领他们走向了属于自己的英雄之路。

当一个人以使命为动力时，他会被一种神奇的力量所包围。这种力量使他能够在逆境中坚持不懈，在面对挑战时勇往直前。他明白，每一次的努力和汗水都是对自我责任的履行，是向着更高境界迈进的必经之路。

拥有使命感的孩子都是勇敢的孩子。他会每天清晨准时醒来，用勤劳的双手整理自己的小天地，无怨无悔地完成每一项作业。当他犯错时不是逃避、掩饰，而是坦诚面对，积极寻求改正之道。这样的孩子，他的成长之路充满了光明和希望，因为他知道，每一个果敢的行动都是对自己承诺的坚守，是对内心使命的忠实回应。

孔子是中国春秋时期杰出的思想家和教育家，他提出了"仁爱""礼

义"等核心理念，并致力
于推广这些价值观以改善社会。孔子的使命感
驱动他周游列国，尽管多次遭遇挫折和拒绝，仍
不放弃传播自己的思想。他的教育影响深远，开创了私
人讲学的先河，培养了一大批学生，对后世的文化、政治
和社会产生了巨大影响。

孔子的思想体系以"仁爱"为核心，强调人与人之间的相
互关爱和尊重。他认为，只有通过培养人们内心的善良和道德
品质，才能实现社会的和谐与稳定。孔子曾说："人而不
仁，如礼何？"意思是，做人如果没有仁德，怎么能实
行礼呢？因此，他提倡"礼义"，即遵守社会
规范和礼仪，以维护社会秩序和人际关系的
和谐。

"仁爱""礼义"。

　　为了推广这些价值观，孔子周游列国，希望能够说服各国君主采纳他的思想和政策。然而，他的努力并不总是能得到回应。在许多诸侯国家，他都遭到了挫折和拒绝，但他从未动摇过内心的信念。相反，他更加坚定地传播自己的思想，带着少数弟子不断传道授业，虽然屡屡碰壁，但他从未放弃过心中的理想。

　　孔子创办私学，主张"有教无类"，他开创了民间自由讲学的先河。在此之前，教育主要是由官方机构或贵族家庭提供的，而孔子则向所有人开放了他的课堂，不论贫富贵贱。他的教育方法注重培养学生的道德品质和思辨能力，强调实践和经验的重要性。他的教学理念和方法对后世的教育产生了深远的影响。

　　孔子的一生是孜孜不倦的一生，是"明知不可为而为之"的一生，要做到这点，心中没有使命感怎么能行呢？

　　　　在使命感的驱动下，每个人都可以成为自己命运的舵手，不论是简单的日常琐事，比如好好读书，考出好成绩，还是生命中的重大决策，比如将来我们选择学校以及选择事业。当我们以责任为航标，以使命为动力，那股神奇的力量就会涌动在我们的血脉之中，让我们在时间的长河里留下闪闪发光的足迹。

强者法则二　行动胜于言语

凡事不找借口

当我们遇到困难或犯错时，最重要的是勇于承认并努力改正。找借口只会让我们逃避责任，错失成长的机会。

小朋友们，当你遇到问题时，不要说"我做不到"或者"这不是我的错"。要记住，找借口不能解决问题，只有勇敢面对，努力尝试，我们才能学到东西，变得更聪明。就像摔倒了，不要怪地板，而是要站起来，继续向前走。这样，我们才能成为坚强、勇敢的人。

司马迁是西汉著名史学家。在遭受宫刑的极大屈辱后，他并没有选择逃避或找任何借口来为自己的不幸遭遇做辩解。相反，他坚定地承担起了自己的责任，坚持完成了《史记》的编纂工作。

《史记》作为中国古代史学的瑰宝，被鲁迅先生誉为"史家之绝唱，无韵之离骚"。它记录了中国历史上的重要事件和人物，不仅是一部具有深远影响的史学巨著，更是一部优秀的文学著作。司马迁通过这部著作，展示了自己对历史的深刻理解和独到见解。他在书中详尽地记述了各个朝代的历史变迁、政治制度、文化风貌以及重要人物的生平事迹，为后人提供了宝贵的历史资料。

司马迁深知自己的责任重大，没有因为个人的遭遇而放弃或逃避。相反，他以坚定的信念和毅力，克服了种种困难，最终完成了这一伟大的历史工程。

司马迁的这种精神在今天仍然对我们具有重要的启示和教育意义。在现代社会中，我们常常会遇到各种困难和挑战，有时候会因为外界的压力或个人的挫败而想要寻找借口来逃避，比如考试没考好，就找各种借口为自己的不努力搪塞过关。然而，司马迁的例子告诉我们，只有勇敢面对困难，不找借口，才能真正实现自己的目标和理想，也只有这样，我们才能在下一次的考试中取得好成绩。

无论如何，我都要完成这一部作品。

　　每当我们没完成任务或者遇到困难时，很容易为自己找借口。但是找借口不能解决问题，反而会让我们失去进步的机会。我们应该勇敢面对挑战，积极寻找解决方法。这样才能不断成长，变得更加坚强和聪明。记住，强者从不找借口！

祸从口出，做人要谨言慎行

　　过于唠叨、话太多的人往往难以取得大的成就。因为这样的人缺乏专注和耐心，无法深入思考问题，也很难听取他人的意见和建议。

　　小朋友们，喋喋不休指的是一个人说起话来没完没了。这样的人往往忽略了最重要的一点，那就是行动胜于言辞。当我们总是不停地谈论自己的想法，而没有将这些想法付诸实践时，我们就可能失去了让别人信任和尊重的机会。

　　成大器需要的是坚持不懈地努力和脚踏实地地工作。如果我们只是空谈而不去实践，那么我们就没有办法实现目标。所以，我们要学会倾听他人的意见，吸收有用的知识，通过实际行动去证明我们的能力。

喋喋不休的人往往没有沉下心来思考的习惯，有的时候还有可能葬送自己的性命，比如《三国演义》中的杨修。

杨修是东汉末年著名文学家、曹操的重要谋士，以才华横溢和机智过人著称。他多次为曹操出谋划策，赢得了曹操的赏识和信任。然而，他却因为言语上的不慎招来了杀身之祸。

有一次，曹操收到了一盒酥，于是在盒子上写了"一合酥"三个字。众人都不明白曹操是什么意思，杨修见

丞相要退兵了……

杨修的话真多！

后，立即与众人分食，解释说"一合酥"即"一人一口酥"，曹操听后虽笑了，内心却对杨修感到不满。

曹操宣称自己会梦中杀人，以警示他人不要接近。一次，曹操睡觉时被子不慎掉落，近侍上前捡起时被曹操所杀。杨修看出曹操此举是为了立威，指出"丞相非在梦中，君乃在梦中耳"，暗指曹操虚伪。

曹操在汉中与刘备对峙时进退两难，夜间以"鸡肋"为口号。杨修解读出曹操有退兵之意，因为鸡肋"食之无味，弃之可惜"，随即命令士兵收拾行装准备撤退。这一行为被曹操视为动摇军心，最终导致杨修被杀。

一个人的成功不仅取决于能力，还取决于能否在复杂的人际关系和危险的政治局势中保持必要的低调和审慎。

杨修若能够更加谨慎地处理与上级的关系，适时收敛自己的锋芒，可能不会导致如此悲惨的结局。然而，历史没有如果，杨修的例子警示我们，无论在何种环境下都要认清形势，明哲保身，以免因言多而失去宝贵的生命与未来的机会。

真正的成就是通过我们的行动和成果来体现的，而不只是通过我们的言论。要学会少说多做，用实际行动展现我们的能力和价值，这样才能成为真正有成就的人。

强者法则三　意志决定成败

无坚不摧的意志才是制胜法宝

意志坚定的人能战胜任何挑战。坚持和勇气是成功的关键。只要坚持不懈，我们就能创造奇迹！

小朋友们，当我们面对困难和挑战时，可能会感到害怕或者想要放弃。但是，如果我们拥有坚定的意志，就能够克服困难，实现我们的目标。拥有无坚不摧的意志意味着不管遇到什么样的挑战，我们都相信自己能够战胜它，不会轻易放弃。

就像一棵小树苗一样，在大风大雨中，它不会断裂，而是会慢慢长大，变得坚韧。意志坚强的人也是如此，他们会不断学习和努力，即使身处逆境也能保持乐观，寻找解决问题的方法。

纳尔逊·曼德拉是一个在南非历史上留下深刻印记的人物。他曾为了反对种族隔离制度被监禁了 27 年。在这漫长的幽暗岁月中，他并没有被打倒，也没有被击溃，而是始终坚守着自己的信仰和理想，从未放弃过斗争。

曼德拉的一生充满了传奇色彩。他出身于一个部落的贵族家庭，从小就展现出了非凡的领导才能和坚定的信念。然而，当时的南非社会却是一个充满歧视和不平等的地方。白人政府推行的种族隔离政策使得黑人和其他少数族裔遭受到极大的压迫和剥削。曼德拉对这种制度的不公和残酷十分愤恨，因此，他决定投身于反种族隔离的斗争之中。

在狱中，曼德拉并没有被恶劣的环境所打败。他利用这段时间来反思自己的信仰和理想，并与其他犯人一起组成学习小组，讨论如何推翻种族隔离制度。他还积极参与监狱里的抗议活动，通过绝食等方式表达对不公正待遇的不满。尽管面临着巨大的压力和危险，但曼德拉始终保持着乐观和坚定的态度，相信自己终将有一天能够走出牢笼，为南非的自由和平等而奋斗。

出狱后，曼德拉继续领

导反种族隔离运动。他与各方势力进行谈判，推动南非的政治改革。在这个过程中，他展现出了卓越的智慧和勇气，不仅成功地说服了许多人支持他的事业，还赢得了国际社会的广泛赞誉和支持。最终，在他的努力下，南非成功地实现了和平过渡，废除了种族隔离制度，建立了一个多民族、多党派的民主国家。

作为南非的第一位黑人总统，曼德拉致力于黑人的独立与解放。他倡导"彩虹之国"的理念，强调不同种族和文化之间的和谐共处。他还积极推动经济发展和社会进步，为改善人民的生活条件做出了巨大贡献。在他的带领下，南非逐渐摆脱了过去的阴影，拥有一个更加繁荣和稳定的未来。

纳尔逊·曼德拉的一生是对坚持信念、勇于斗争的最好诠释。他用自己的行动证明了一个人的力量可以改变一个国家的命运。他的精神和贡献将永远铭刻在南非人民的心中，成为世界历史上不可磨灭的一部分。

无论我们梦想成为科学家、艺术家还是运动员，都要记住，坚持不懈的努力和无坚不摧的意志比天赋更重要。这是我们达到目标、实现梦想的重要法宝。只要我们不放弃，就没有什么是不可能的。

坚持让你从平庸走向卓越

坚持是一种力量，它能让你从平凡变得出色。当你对自己喜欢的事情持之以恒，就能慢慢超越别人，做到最好。

坚持就像是我们内心深处的一盏灯，无论外面多么黑暗，它都能照亮我们前进的道路。当我们对某件事情持之以恒，每天都不断地努力，即使是一点点的进步，最终也会积累成巨大的成就。就像爬山，每登高一点，景色就更美一些。

在学习和生活中，我们可能会遇到很多困难和挫折，但只要我们坚持下去，就会发现，那些困难和挫折其实是帮助我们成长的阶梯。通过坚持不懈，我们可以从错误中学习，不断提升自己，最终取得我们以前无法想象的成就。

路德维希·范·贝多芬是世界历史上罕见的音乐奇才，然而这位杰出的作曲家在音乐道路上一开始走得并不顺利，因为他从小听力受损，几乎是一个聋人。

面对这样的逆境，贝多芬并未选择放弃，而是坚守对音乐的热爱和执着。他继续投身于音乐创作，最终谱写出了《第九交响曲》等流传千古的音乐佳作。

贝多芬的坚持精神不仅体现在他对音乐创作的执着上，更体现在他对待生活的态度上。尽管听力受损给他带来了巨大的困扰和挑战，但他从未向命运低头，而是以更加坚定的信念和毅力去追求自己的梦想。他通过音乐创作表达了对生活的热爱和对命运的抗争，将内心的痛苦和挣扎转化为美妙的旋律，传递给世人。

　　贝多芬的音乐作品充满了力量和激情，它们不仅仅是音符的组合，更是他内心世界的真实写照。每一首曲子都蕴含着他对音乐的深刻理解和独特见解，展现了他对音乐艺术的无限探索和追求。他的音乐作品不仅在当

时引起了轰动，更成为后世音乐家们学习和借鉴的经典之作。

贝多芬坚持不懈的精神也激励着无数人去追逐自己的梦想。他用自己的行动告诉世人，无论面临多大的困难和挑战，只要我们坚持不懈，就一定能够战胜逆境，实现自己的目标。他的音乐作品对我们来说不仅仅是一种艺术享受，更是一种精神力量，鼓舞着人们勇往直前，不断超越自我。

无疑，坚持是贝多芬从平庸走向卓越的关键所在。正是他的坚持精神，让他在音乐领域取得了辉煌的成就，成为一位不朽的音乐巨匠。

只要有梦想、有信念、有毅力，善于坚持，我们就能够战胜一切困难，走向属于自己的成功之路。

> 不要因为一时的失败而放弃，要相信坚持的力量。只要你坚持不懈地努力，就能不断超越自己，从平庸走向卓越。记住，成功往往属于那些永不放弃的人。

强者法则四　用激情燃烧梦想

激情与坚持：塑造未来强者的秘诀

> 激情能点燃梦想，坚持则让梦想成真。对自己喜欢的事情保持热情，再苦也不放弃，就能克服难关，成为强者。

小朋友们，激情就像是内心深处的火焰，它可以点燃我们对事物的热爱和兴趣。当我们对某件事情充满激情时，就会全身心地投入其中，享受每一个过程中的喜悦并获得满足感。而坚持则像是一股不断推动我们前进的力量，即使面对困难和挑战，也不轻言放弃。

在成长的道路上，我们每个人都有可能遇到困难和挑战。但是，如果我们能够找到自己的激情所在，并且坚持不懈地去追求，那么这些困难和挑战就会成为我们成长的垫脚石。激情让我们热爱生活，坚持让我们不畏艰难，只有当这两者结合在一起时，我们才能够释放出无限的潜力，成为真正的小强者。

荷兰后印象派画家凡·高是一个对绘画充满热爱的艺术家。尽管在他的一生中，他的作品并未得到广泛的认可和赞赏，但他却从未放弃，始终坚守自己的艺术追求。虽然他的生活充满了坎坷和挫折，但他依然坚持创作，为世界留下了众多宝贵的艺术作品。

　　凡·高出生于荷兰的一个小村庄，他的家庭并不富裕，但他从小就展现出了对绘画的浓厚兴趣。他最初在叔叔的画廊里工作，后来决定成为一名牧师，希望通过传教来帮助穷人。然而，他的传教士生涯并不顺利，最终离开了教会，全身心投入绘画中。

　　凡·高的绘画风格独特，色彩鲜明，笔触浓烈，充满了个人情感和对自然的热爱。然而，这样的风格在当时并不被大众所接受。他的画作常常被嘲笑和忽视，使得他的生活更加困难。但他并没有因此放弃，而是坚守自己的艺术理念，满怀激情地坚持绘画，创作出了《向日葵》《星夜》等经典作品。

　　凡·高的生活中充满了孤独和痛苦，但他在艺术创作中找到了慰藉，

就算是在黑夜，我也要绽放光彩。

他的作品充满了对生活的热爱和对美的追求。他勇敢地面对生活中的挑战，坚持自己的艺术梦想，他的作品逐渐被世人所认识和接受。

凡·高的激情和坚持展现了他作为一个艺术家的美好品质。他用自己的行动证明，只要有坚定的信念和不懈的努力，就能够战胜困境，实现自己的梦想。他的故事激励着无数人，让我们明白，即使面临再大的困难，只要我们不放弃，坚持自己的信念，就一定能够找到属于自己的光明。

如今，凡·高的作品已经成为世界艺术宝库中的瑰宝，他的故事也成了人们心中的传奇。他用生命诠释了激情与坚持的力量，展现了一个真正的艺术家的坚忍和才华。他的经历告诉我们，无论遇到什么困难，只要我们保持激情，坚持不懈，就一定能够创造属于自己的辉煌未来。

无论你们将来想要成为什么样的人，都不要忘记心中那份最初的激情，同时保持对目标的坚持。这样，你们就能够创造一个更加强大、更加美好的未来。激情是起点，坚持是关键，两者结合将成就未来的你。

像火一样奔赴前方

　　无论做什么事，都要有像火一样的激情。这样的激情可以让我们克服困难，坚持到底。就像游泳时全力以赴，激情能让我们在生活的海洋中破浪前行，不畏艰险，勇敢地奔向目标！

　　小朋友们，我们在做任何事情时，都要有一种从内心涌出的激情。这种激情就像火焰一样，可以帮助我们在面对困难和挑战时保持动力和决心。

　　有了像火一样的激情，我们就能点燃自己的潜能，不断超越自己，勇往直前。即使遇到阻碍也不会轻易放弃，而是会用我们的激情去克服它。这样的激情和坚持最终会帮助我们实现目标，实现梦想。

　　迈克尔·乔丹被誉为NBA（美国职业篮球联赛）历史上最伟大的篮球运动员之一，是一个对篮球充满激情和热爱的传奇人物。他的篮球生涯充满了辉煌与挑战，正是他对篮球的那份炽热激情，使他在球场上展现出了无与伦比的竞技风采，即使在面临伤病和失败的双重打击时，他仍然选择坚韧不拔地奋勇向前，最终带领芝加哥公牛队赢得了 6 次 NBA 总冠军，成为无数球迷心中的篮球之神。

　　迈克尔·乔丹出生于布鲁克林，在纽约长岛长大。他从小就展现出了对篮球的浓厚兴趣。高中时期，乔丹凭借着出色的运动天赋和不懈的努力，迅速在篮球场上崭露头角。然而，他的篮球之路并非一帆风顺，高一时，因为身高不足而未能进入校篮球队，这对他而言无疑是一个巨大的打击。但乔丹并没有因此放弃，而是更加刻苦地训练，终于在高二时成功进入校队，并迅速成为球队的主力球员。

大学时期，乔丹就读于北卡罗来纳大学，并加入了该校的篮球队。在1982年的NCAA（美国大学生篮球联赛）总决赛中，乔丹凭借一击制胜的跳投，帮助球队获得了冠军，这也成了他篮球生涯的一个重要转折点。大学毕业后，乔丹参加了NBA选秀，被芝加哥公牛队选中，

哇！这太厉害了！

从此开始了他作为职业篮球运动员的生涯。

在 NBA 赛场上，乔丹凭借着出色的技术和顽强的拼搏精神，迅速成为联盟的焦点。他的得分能力无人能敌，多次获得"得分王"的称号。此外，他还具有出色的防守能力，多次入选最佳防守阵容。他的领导力和比赛关键时刻的决断力也令人赞叹，在比赛中屡次上演绝杀好戏，为公牛队赢得了无数胜利。

然而，乔丹的职业生涯也并非一帆风顺。在职业生涯的巅峰时期，他曾经两次宣布退役，第一次是去尝试职业棒球，第二次则是因为失去了对篮球的激情。尽管如此，他还是抵挡不住对篮球的热爱，决定重返赛场。复出后，乔丹凭借着坚定的信念和不懈的努力，再次带领公牛队赢得了三连冠，创造了 NBA 历史上的一个奇迹。

像火一样奔赴前方就是迈克尔·乔丹的篮球之道。只有对所热爱之事充满激情，才能在面对困难和挑战时保持坚韧不拔的意志，最终实现自己的梦想。让我们一起向这位伟大的篮球运动员致敬，学习他的精神，为我们自己的人生道路加油助力。

> 无论你们将来想成为什么样的人，记住，用激情去追求你们的梦想，像火一般奔赴前方，奔向未来。这种激情会让你们在人生的大海中像游泳健将一样勇往直前，抵达成功的彼岸。激情是动力，坚持是武器，它们将帮助你战胜一切困难，到达自己的目的地。

强者法则五　必须保持乐观

乐观不是天生，而是一种选择

> 乐观的人看问题看到积极一面，充满希望；悲观的人只看到消极一面，容易失落。选择乐观能帮我们克服挑战，实现梦想，而选择悲观可能让我们错失机会。

小朋友们，当我们面对生活中的选择时，通常有两种不同的态度：乐观和悲观。乐观的人总是看到事情的积极一面，即使遇到困难和挑战，也会保持希望，相信一切都会好起来。他们的心态充满了正能量，愿意尝试新事物，不容易放弃。相反，悲观的人则倾向于看到事情的消极一面，他们可能会因此失去动力，甚至错过机会。

乐观和悲观不仅影响着人们对事情的看法，还会影响我们的情绪和行为。乐观的人更有可能感受到幸福和满足，因为他们专注于可能好的结果。悲观的人则可能更多地感到沮丧和焦虑，因为他们常常担心坏事情的发生。

美国女作家海伦·凯勒在 19 个月大时因病失去了视力和听力，这对于任何人来说都是一个巨大的打击。然而，她的导师安妮·沙利文却帮助她克服了这些障碍。安妮·沙利文是一位非常有爱心的女性，她用无尽的耐心和关爱来教导海伦。她通过触摸和手势与海伦交流，让海伦逐渐理解了身边的世界。这种特殊的沟通方式不仅帮助海伦学会了语言，还让她逐渐走出了黑暗和孤独的无声世界，同时也教会了她这个世界上最宝贵的财富——乐观。

在安妮·沙利文的帮助下，海伦·凯勒开始对生活充满希望和信心。她不再把自己看作一个无法改变命运的弱者，而是勇敢地面对生活中的每一个挑战。她以乐观的态度去学习、探索和创造。她的努力得到了回报，成为一位著名的作家、教育家和社会活动家。

海伦·凯勒的故事远不止于此，她的作品如《我生活的

对，就是这样。

我还是要热爱生命，热爱生活。

25

故事》《假如给我三天光明》等，深深触动了无数读者的心灵，她的文字充满了对生活的热爱和对未知世界的探索。她的身影常常出现在各种社会活动中，她用自己的经历和话语激励着更多的人去面对生活的挑战，去追求自己的梦想。

海伦·凯勒的生活态度和乐观精神不仅改变了她自己的命运，也影响了整个世界。她的一生都在向世人证明，即使生活中充满了困难和挑战，只要我们保持乐观的心态，就没有什么能够阻挡我们前进的步伐。她的故事激励着我们，在人生的旅途中，无论遇到多少艰难险阻，都要保持乐观的心态，勇往直前。

海伦·凯勒用自己的经历告诉我们，面对生活的困难和挑战，我们不应该选择退缩或放弃，而应该保持乐观的心态，积极寻找解决问题的方法。只有这样，我们才能在生活的道路上越走越远，最终实现自己的梦想和目标。

乐观并不意味着忽视问题，而是意味着我们有能力并愿意去解决问题。乐观是一种力量，它能够帮助我们克服生活中的困难，让我们更加坚强。而悲观只会让我们陷入消极的情绪中无法自拔。因此，学会乐观，用积极的眼光看待世界，不仅能帮助我们更好地应对生活中的挑战，还能让我们的生活更加美好。

乐观的人更容易成功

乐观的人能够积极面对困难，找到解决问题的方法，这样不但可以克服困难，还能感染周围的人，让大家都充满希望。

小朋友们，你们知道吗？乐观的人总是看到困难背后的机会，他们面对挑战时不畏惧、不放弃。他们相信每次失败都是通往成功的一步，即使遇到挫折也能从中学习并继续前进。

乐观是一种强大的心态，它能让我们保持积极的态度和前进的动力，帮助我们找到实现目标的勇气。当我们保持乐观时，我们的思考会更加清晰，能够更好地解决问题，我们的态度也会影响到周围的人，使大家都充满希望和正能量。

在人类历史上出现了许多伟人，他们以坚定的信念和不屈的意志引领着整个民族走向胜利。其中，温斯顿·丘吉尔作为英国在第二次世界大战期间的首相，他的名字永远镌刻在历史的丰碑上。他以其独特的乐观态度和坚定的信念，帮助英国人民度过了那段艰难岁月，最终赢得胜利。

1940年，纳粹德国的铁蹄踏遍了欧洲大陆，英国面临着前所未有的威胁。在这个危急时刻，丘吉尔接任首相，肩负起了拯救国家的重任。他明白，面对强大的敌人，只有坚定的信念和乐观的态度才能激发人民的战斗意志，才能带领国家赢得胜利。

丘吉尔的乐观态度并非盲目，而是基于对时局的深刻理解和对人性的精准把握。他深知，在英国最困难的时刻，人民需要的不是悲观的叹息，而是勇敢的呐喊；不是消极的逃避，而是积极的抗争。因此，他用自己的行动和言语，不断鼓舞着人民的斗志。

他的演讲充满力量和激情，每一句话都能够击中听众的心灵。他时而激昂澎湃，时而深沉内敛，但无论如何，他总是能够说出最能触动人心的语言。他的演讲不仅在英国国内引起了强烈的反响，也在国际上传诵开来，成为激励人们斗志的号角。正如他在一次著名演讲中所说"We will never surrender"，（"我们绝不屈服！"）"

我们绝不屈服，绝不向纳粹低头，我们一定能战胜纳粹！

　　在丘吉尔的领导下，英国人民展现出了惊人的韧性和毅力。他们经受住了德国的狂轰滥炸，顶住了巨大的压力和困境。在这个过程中，丘吉尔的乐观态度成为他们的精神支柱和力量源泉。他们相信只要坚持到底，永不言败，就一定能够取得最后的胜利。

　　经过漫长的战争岁月和艰苦卓绝的斗争，英国人民终于迎来了胜利的曙光。当纳粹德国投降的消息传来时，整个英国都沉浸在欢乐和喜悦之中。而这一切的背后离不开丘吉尔的坚定信念和乐观态度。

　　我们要学会乐观，无论遇到什么困难，都要相信自己有能力克服。乐观不仅能让我们的生活更加快乐，还能帮助我们实现梦想，达到目标。记住，乐观的人能够取得更多的机会和成功。

强者法则六　自信才有未来

自信是成功的秘诀

> 成功青睐那些自信的人。当我们相信自己能够做到某件事时，我们就会努力去尝试并克服困难。

自信的人敢于面对挑战，他们相信自己有能力解决问题。这种信念让他们在困难面前不退缩，而是积极寻找解决方案。他们的积极态度也会感染周围的人，让大家更加团结协作。相反，缺乏自信的人可能会害怕失败，从而错失机会。他们可能不敢尝试新事物，或者在遇到困难时就放弃了。这样的心态会让他们在成功的路上走得更艰难。

在 15 世纪，一位名叫克里斯托弗·哥伦布的探险家有一个梦想——找到一条通往亚洲的新航线。尽管他的想法遭到了许多人的质疑和反对，但哥伦布从未动摇过自己的信念。

哥伦布出生在意大利的一个港口城市，从小就对大海充满了向往。他积累了丰富的地理知识，对世界充满了好奇和探索的欲望。当时，地圆说已经很盛行，他计划向西航行到达东方国家。随着年龄的增长，哥伦布逐渐形成了一个大胆的想法——寻找一条通往亚洲的新航线。

当时，人们普遍认为亚洲是一个充满财富和奇观的地方，但由于当时航海技术的限制，很少有人能够到达那里。传统的航线需要绕过非洲的好望角，不仅路程遥远，而且充满了危险。哥伦布认为，如果能够找到一条向西航行的路线，就能直接到达亚洲，大幅缩短航程和时间。

然而，哥伦布的想法在当时并不被人们接受。许多人认为他的计划是荒谬的，甚至有人认为他是疯子。面对质疑和反对，哥伦布并没有放弃。他坚信自己的理论是正确的，并开始寻找支持者和资助者。

经过多年的努力，哥伦布终于得到了西班牙女王伊莎贝拉一世的支持。女王被他的坚定信念和勇气所打动，决定资助他的航海计划。1492年，哥伦布率领着一支由三艘小船组成的船队，从西班牙出发，开始了他伟大的航海探索之旅。

在航行过程中，哥伦布和他的船员们经历了无数的困难和挑战。他们遇到了暴风雨、巨浪和疾病。然而，哥伦布从未改变过自己的信念，他坚信只要继续前行，就一定能够找到新大陆。

最终，哥伦布和他的船队抵达了一片未知的土地。他们发现了茂密的森林、奇异的动植物和从未见过的土著居民。哥伦布坚信他找到了通往亚洲的新航线，虽然他抵达的是美洲大陆，但这一发现依然具有重大意义。

哥伦布用自己的行动证明了"自信才能成功"的道理。正是因为他的自信和坚持，才有了人类历史上的伟大发现。

在我们的生活中也会遇到各种各样的困难和挑战，只要保持自信的心态，勇敢地面对困难并努力克服它们，我们就一定能够取得成功。无论是在学习还是生活中，自信都是我们走向成功的关键。

培养自己的自信心，可以从小事做起，比如学习一项新技能或者帮助别人完成一项小任务。每完成一件事，都会使我们更加相信自己。同时，也要记得给自己鼓掌和加油，因为自信需要我们不断地培养和强化。

不要让自卑成为一种习惯

> 不要总是看轻自己，觉得自己不如别人。每个人都是独一无二的，都有自己的闪光点。

小朋友，自卑是一种常见的情绪，它会让你觉得自己不如别人。偶尔的自卑是正常的，但如果你总是自卑，它就会变成一种坏习惯，影响你的成长和快乐。

自卑会让你不敢尝试新事物，害怕失败，甚至错过许多美好的机会。它会让你觉得自己做不到某事，或者做了也做不好。但是，这种想法并不正确。每个人都是独一无二的，都有自己的优点和特长。你可能在某些方面不如别人，但在其他方面却可能比他们更优秀。

我们不能总是和别人比较，因为每个人都是独特的，有着不同的成长环境和个性。我们应该学会发现自己的优点，并努力发展它们。同时，也要尊重和欣赏他人的优点，而不是嫉妒或自卑。

在美国媒体界，有一个女人的名字无人不知、无人不晓，她就是奥普拉·温弗瑞。作为著名的电视节目主持人、制片人和慈善家，奥普拉以其独特的魅力和深厚的人文关怀赢得了无数观众的喜爱和尊敬。然而，她的成功并非一帆风顺，而是经历了无数的艰辛和磨砺。

奥普拉出身在密西西比河畔的一个贫困家庭，作为一名黑人女孩，从

我们要向自卑说NO！

小就遭受种族歧视和家庭暴力。她的童年生活十分艰苦，但她并没有因此自卑，而是凭借自己的才华和努力，勇敢地追求自己的梦想。她在学校里表现出色，不仅成绩优异，还积极参加各种演讲比赛并多次获奖。这些经历锻炼了她的口才和表达能力，为她日后的主持事业打下了坚实的基础。

在大学期间，奥普拉开始接触广播行业，并在一家电台担任兼职主持人。她用自己的真诚和热情赢得了听众的喜爱，逐渐在电台站稳了脚跟。之后，她前往芝加哥，开始主持一档电视脱口秀节目，这档节目很快便取得了巨大的成功，奥普拉也成为当地的名人。

1986年，奥普拉创办了自己的脱口秀节目——《奥普拉·温弗瑞秀》。这档节目迅速风靡全美，成为美国电视史上最受欢迎的脱口秀之一。奥普拉以她独特的访谈风格和敏锐的洞察力，让无数观众为之倾倒。她不仅关注社会热点和名人明星，还关注普通人的生活和情感，让节目充满了温暖和感动。

除了在媒体领域的辉煌成就外，奥普拉还是一位慈善家。她用自己的影响力和财富支持各种慈善事业，帮助那些需要帮助的人。她关注教育、妇女权益和儿童福利等社会问题，并积极投身于相关的公益活动中。她的努力不仅改变了许多人的命运，也为社会带来了正能量。

奥普拉用自己的经历证明了一个人无论出身如何，只要心怀梦想、勇于追求，就能够实现自己的价值。

奥普拉用自己的自信和坚持书写了一个传奇般的人生故事。

不要让自卑成为你的习惯。要学会提高自信心和自尊心，相信自己有能力去尝试、去学习、去进步。每个人都有闪光点，只要你用心去寻找并发现它们，就一定能够展现出自己的独特魅力。记住，你是独一无二的，值得被尊重和爱。

强者法则七　三思而后行

冲动时不做决定

> 真正的英雄是那些能够冷静思考、控制情绪的人。他们不会因为一时的冲动而做出错误的决定。

小朋友，想象一下，如果你在玩游戏时，因为一时的愤怒而乱了阵脚，那还能赢得比赛吗？

当然不能。

英雄们在面对困难和挑战时，会深呼吸，静下心来想出最好的解决办法。他们知道，冲动的行为可能会带来不好的后果，而冷静的头脑能帮助他们找到解决问题的办法。就像我们学习一样，遇到难题时，要耐心思考，一步步解答，而不是心急火燎，这样才能得到正确答案。

无论在正史《三国志》还是长篇小说《三国演义》中，张飞这个名字无疑都是一个充满传奇色彩的存在。他性格直爽，勇猛善战，是蜀汉政权的重要支柱之一。然而，正是他的暴躁冲动，最终导致了他的悲剧结局。

在《三国演义》中，张飞听闻结拜兄弟关羽被杀的消息后，痛不欲生，怒火中烧。他急切地想要为二哥关羽报仇雪恨，整日沉浸在愤怒和悲痛之中。这种消极情绪的积累，使他的性格变得更加暴躁，行为也愈发冲动。

　　为了复仇，张飞开始加紧训练士兵，想尽快提高战斗力。然而，他暴躁的性格使他无法有效地管理部队，常常因为一些小事而鞭打士兵。这种行为激起了士兵们的强烈不满，让他们对张飞的尊敬逐渐转化为恐惧和怨恨。

　　为了尽快出兵东吴给关羽报仇，张飞命令士兵三日内置办齐全白旗白

完不成我就杀了你们！

甲，三军挂孝伐吴。这根本就是一件不可能完成的事。范疆、张达告诉张飞，短时间内办不到，需要宽限一点儿时间。张飞听闻大怒，将二人绑在树上，在每人背上鞭打了五十下。

二人回到营中后，便商议如何杀死张飞。这天夜里张飞喝得大醉，卧在帐中。张达与范疆二人趁张飞酒醉之际，悄悄潜入他的营帐，将睡梦中的张飞杀死，然后逃奔到了东吴。张飞这个曾经的英雄，就这样惨死在自己部下的手中。他的死不仅是他个人性格的悲剧，也是整个蜀汉政权的重大损失。

张飞的死给后人留下了深刻的教训。他的暴躁冲动，不仅使他失去了理智，还导致了他的悲剧结局。

无论身处何种地位，我们都应该保持冷静和理智，不要让情绪左右自己的行为。同时，我们也应该学会有效地管理自己的情绪，避免因一时的冲动而做出错误的决定。

在现实生活中，我们经常会遇到各种各样的挑战和困难，而如何应对这些困境，就需要我们具备冷静思考和理性判断的能力。

我们要学会控制自己的情绪，不要因为一时的冲动而做出错误的决定。当我们遇到问题时，应该先停下来，做深呼吸，然后冷静地思考如何解决它们。这样，我们才能像真正的英雄一样，勇敢地面对未来的挑战。

自觉遵守纪律

纪律是一种规则，它帮助我们保持秩序和和谐。当我们遵守纪律时，我们不仅能更好地与他人相处，也能更好地完成学习和工作任务。

　　小朋友们，纪律就像是我们生活中的信号灯，它告诉我们什么时候该做什么，什么时候不该做什么。如果我们每个人都能自觉遵守纪律，那么我们的社会就会更加和谐有序。

　　在学校里，纪律能帮助我们更好地学习，与同学们友好相处；在家里，纪律让我们成为一个懂事、孝顺的孩子；在社会中，纪律让我们成为一个遵纪守法的好公民。

　　自觉遵守纪律不仅能让我们得到他人的尊重和信任，还能培养我们的自律能力和责任感。当我们长大后，这些品质将对我们有很大的帮助。

　　春秋时期，齐国有一个非常厉害的军事家，叫作孙武。齐国发生内乱后，他来到南方吴国。

　　吴王阖闾听说孙武很会用兵打仗，就想考考他。吴王把孙武叫来，问：“你能把我的宫女训练成士兵吗？”孙武自信地回答：“可以！”

　　于是，吴王给了孙武180名宫女，让他训练。孙武把宫女们分成两队，还让吴王最宠爱的两个妃子当队长。

孙武认真地给宫女们讲解训练规则，可宫女们觉得好玩，根本不听。孙武再次耐心地讲解，宫女们还是嘻嘻哈哈。这时候，孙武严肃起来，他说："规则已经讲清楚，如果不听命令，就要受到惩罚！"

接着，孙武开始下令操练。他喊："向右转！"宫女们却乱成一团，笑得更大声了。孙武没有生气，他说："是我解释得不够清楚，这是将领的过错。"于是，他又把规则仔细说了一遍。

再次操练时，宫女们还是不听命令。孙武这下生气了，他说："既然将领已经解释清楚，还不遵守，那就是队长的责任！"于是，他下令把两个队长拉出去斩首。

吴王一看，急忙求情，可孙武坚决地说："军队里必须有纪律，不然怎么打仗？"最终，孙武还是下令斩了两个队长。这下，宫女们都害怕了，再也不敢不听命令。经过认真训练后，这些宫女变得像真正的士兵一样整齐有序。

吴王看到这一幕，对孙武佩服得五体投地，知道孙武是个真正会用兵的人，就放心地让他去指挥军队打仗，终于在柏举之战中打败了楚国。

只有严格执行纪律，让每个人都清楚不遵守纪律的后果，才能使团队形成强大的执行力和战斗力。就像在学校里，如果同学们都不遵守课堂纪律，老师就没法儿正常教学，同学们也学不到知识。在体育比赛中，如果队员不遵守比赛规则和团队纪律，队伍就不可能取得好成绩。

所以，遵守纪律是强者必备的行为准则，能让我们的学习、工作和生活更加有序、高效，帮助我们实现目标，取得成功。

　　自觉遵守纪律不仅是对自己的负责，也是对他人的尊重，更是对社会的贡献。它让我们在有序的环境中成长、进步，共同创造一个和谐、美好的世界！

强者法则八　宽容者，路更宽

有多大的胸怀，就有多大的气度

胸怀广阔如大海，能容纳世间万象。气度非凡者面对挑战不慌不忙，以平和之心应对生活的风浪。真正的强者不仅在力量上超越他人，更在心态上展现出博大的胸襟。

小朋友们，你们知道吗？胸怀与气度，犹如人心中的一片天空和海洋。一个人的胸怀越宽广，他的气度就越宏大。正如广阔的天空能容纳万千云彩，深邃的大海能包含无数江河，一个心胸开阔的人，能够理解并包容不同的意见和差异。

当我们遇到不同的意见时，胸怀宽广的人能够保持冷静，不以情绪化的态度回应，而是尝试站在对方的立场上思考问题。这种心理素质修养的能力不仅减少了冲突，也增加了解决问题的可能性。

为人有气度不仅是对他人的宽容，也是对自己的善待。当我们犯错时，气度的高低决定了我们能否坦诚地面对自己的不足，勇于改正，而不是逃避或自怨自艾。

唐太宗李世民是中国历史上一位非凡的君主。他在位期间，以德礼诚

信和法治治理天下，开
创了"贞观之治"的盛
世。在这个时期，魏征
作为他的重臣与谏议大
夫，常常无畏地提出自
己对朝政的看法和批
评，而李世民则以博大
的胸怀和非凡的气度，
接纳并反思这些看法和
批评。

　　魏征勇于直言，他
的《十渐不克终疏》是
对李世民治国方
式的深刻反省和批
评。在这份奏疏
中，魏征指出了李
世民在位期间的许
多问题，包括政策
上的失误和个人行
为的偏差。他批评
李世民当前为政的
态度和行为与早年
励精图治时有了很

皇上，且听老臣一言。

大的变化，指出皇帝逐渐丧失了早期的谦逊和谨慎，变得自负和奢侈。这些直言不讳的评论，无疑触碰到了君王的权威与尊严。

然而，李世民看到这份奏疏后并没有发怒，而是进行了深入反思。他意识到这些批评是对他治国理念的重要提醒，也是对他个人作风的规劝。经过长时间思考，李世民开始明白，一个帝王的胸怀不仅仅是容纳天下，更要能够包容直言之士的坦率与批评。他不仅接受了魏征的指摘，还将《十渐不克终疏》写在屏风上，以便于朝夕阅读，表明他将其作为自省的准则和改进的方向。

这一举动在当时是极为罕见的。在封建社会，帝王通常被认为是至高无上的，接受如此直接的批评需要极大的勇气和胸襟。李世民的行为不仅体现了他对魏征才智和忠诚的信任，更反映了他自身对政治清明的追求。这份气度源于他对国家的深切责任感，也基于他对个人修养的不断追求。

李世民以自身的实践，展示了一位理想领导者应该具备的胸怀与气度。他的行动也在不断提醒世人，真正的强者不仅在于掌握多大的权力，更在于能够承担多大的责任，以及拥有多宽广的心胸和多恢宏的气度。

培养广阔的胸怀和不凡的气度不是一朝一夕的事。这需要我们在日常生活中不断练习，学会倾听、理解和包容，最终成长为一个心胸宽广、气度不凡的人。

宽容是给自己最好的礼物

宽容让我们的心灵更加宽广和明亮。当我们选择宽容时，就是放下了怨恨的重担，让自己心情愉快，身体健康。

小朋友们，在面对别人的错误或不同的意见时，选择宽容，意味着我们用一颗"大心"去理解和接纳他人。当我们对他人宽容时，我们也放过了自己，因为怨恨和愤怒不会再占据我们的心灵，我们的心情也会变得轻松和愉快。

学会宽容，可以让我们更好地与人相处，培养和谐的人际关系。在与他人的交往中，难免会有矛盾和冲突，宽容可以帮助我们以平和的心态处理这些问题，减少不必要的争执和矛盾。同时，宽容也是一种自我成长的方式，通过对别人宽容，我们学会了理解和包容，这对我们自身的情感调节和社会适应都是一种积极的促进。

蔺相如和廉颇"将相和"的故事是一段广为流传的佳话。

故事发生在战国时期，那时的中国分裂为多个诸侯国，相互之间战争不断。蔺相如和廉颇都在赵国为官，但工作的侧重点不同。蔺相如在国家的外交事务中扮演了重要角色，而廉颇则是一位勇猛的将军，以军事才能著称。两人虽然职责不同，但都对国家忠诚无比。

起初，廉颇对蔺相如心存芥蒂，认为他过于文弱，不足以为国家做出重大贡献。然而，蔺相如因完璧归赵、渑池相会威慑秦王，最终职位高于廉颇。廉颇在属下的挑拨下，心里很不服气，总想给蔺相如难堪。这种误解和偏见，使两人之间的关系变得紧张。

而蔺相如并没有因此与廉颇产生冲突，相反，他选择了宽容和谅解。

蔺相如知道，国家正处于多事之秋，内部的矛盾只会削弱国家的力量。他曾说过，秦国之所以不敢入侵赵国国土，正是因为赵国内部和睦，团结一致，如果他们两个人不合，那就是给了别人入侵赵国的机会。他的耐心和诚意逐渐打动了廉颇，使得这位将军开始重新审视自己对蔺相如的看法。

随着时间的推移，廉颇逐渐意识到蔺相如的宽容和大度不仅仅是为了个人关系，更是为了国家的大局考虑。这种高尚的品质感动了廉颇，使他深感惭愧，觉得是自己小气了。最终，廉颇决定放下个人的成见，他负荆请罪，向蔺相如表达了自己的歉意。

这一举动不仅消除了两人之间的误会，还使他们成为亲密的朋友。他们共同为国家效力，一个负责外交，另一个负责军事，精诚合作，为国家带来了安定和繁荣。

宽容和大度是人际交往中不可或缺的美德，也是强者之所以成为强者的一个重要因素。它们能够化解矛盾，促进和谐，甚至能够改变一个人的命运。

宽容和大度的力量是永恒的，在现代社会，这些美德依然具有重要的价值。无论是在家庭、工作还是社会交往中，宽容和大度都能够帮助我们建立更加和谐的人际关系，创造更加美好的未来。

宽容也是一种智慧，它让我们懂得，在面对错误和不同意见时，理解与包容比指责和生气更能解决问题。当我们学会宽容，就会发现世界变得更加宽广，心灵变得更加丰富。让我们从现在开始，学会宽容，给予自己这份最好的礼物吧！

强者法则九 独木不成林，合作带来奇迹

没有人是孤胆英雄

> 在这个世界上，没有人是孤胆英雄，我们都需要来自他人的帮助与合作。真正的力量来自团队协作，每个人都是整体中不可或缺的一部分。

在这个多彩的世界里，每个人都有自己的才华和潜力。然而，无论一个人多么聪明或有才能，他都无法单独完成所有事情。就像一棵大树需要阳光、水分和土壤一样，人们也需要彼此的帮助和支持。

在学习和生活中，当我们遇到困难时，老师、朋友和家人的关心和帮助是无价的。他们的支持不仅帮助我们克服困难，还使我们感受到温暖和鼓励。

团队合作非常重要。在团队中，每个人都可以发挥自己的长处，共同完成任务。这比一个人单打独斗要高效得多。例如，在一场足球比赛中，即使一个球员技术再好，如果没有队友的合作，他也难以赢得比赛。

乔治·华盛顿作为美国第一任总统，在美国独立战争中展现出了卓越的领导力。他的胜利不仅归功于个人才能，更得益于他的团队。

　　华盛顿的领导风格以冷静、果断和坚定著称。他在战场上表现出色，赢得了士兵和民众的信任与支持。然而，他的胜利也离不开团队的支持和合作。华盛顿注重团队建设，善于发掘和培养人才，将不同背景和能力的人才聚集在一起，形成强大的团队力量。

　　在华盛顿的团队中有许多杰出的人物，如托马斯·杰斐逊、本杰明·富兰克林、约翰·亚当斯等。他们在各自的领域有着卓越的才能和独特的见解，为独立战争的胜利做出了重要贡献。例如，杰斐逊起草了《独立宣言》，宣告了美国的独立和自由；富兰克林以其卓越的外交才能，争取到了法国的支持和援助；亚当斯则在政治舞台上发挥了重要作用，推动

了许多重要的政治决策。

除了这些开国元勋之外，华盛顿的团队还包括许多普通的士兵和将领。他们在战场上英勇无畏，为保卫家园和自由而战。他们的牺牲和奉献精神是独立战争能够取得胜利的重要因素之一。华盛顿深知这一点，因此，他始终关心士兵的生活和福利，努力为他们提供更好的待遇和保障。在独立战争结束后，亚历山大·汉密尔顿作为华盛顿的首席助理和财政部部长，负责设计并实施了多项财政措施，确保军队的供应和士兵的薪酬问题得到妥善处理，并帮助新生的美国在金融上站稳了脚跟。

在华盛顿的领导下，这个团队紧密团结在一起，共同面对各种困难和挑战。他们相互支持、相互激励，共同为独立战争的胜利而努力。这种团队合作精神和集中统一指挥是美国独立战争能够取得胜利的重要原因之一。

华盛顿的成功离不开团队的支持和合作，在带领美国摆脱英国殖民统治的路上，华盛顿并非一个孤胆英雄。他的杰出表现，让他成为美国历史上备受尊敬和崇拜的领导者。

我们要学会与他人合作，珍惜身边每一个伙伴。只有共同努力，我们才能战胜困难和挑战，实现梦想。

借助外力，赢得胜利

　　当我们在学习中面对难题时，不要害怕求助。向老师、同学或朋友寻求帮助，可以让我们找到更好的解决办法，从而克服困难。

　　小朋友们，当我们面对困难或挑战时，要学会借助外力。这是因为，个人的力量毕竟有限，而借助他人的力量和智慧，可以让我们更好地解决问题。

　　在学校遇到难题时，向老师或同学求助，可以获得不同的解题方法，能更深层次地理解知识。即使在课堂之外，如体育比赛或集体活动中，团队合作同样至关重要。每个队员的不同技能和想法都可以为团队带来独特的优势，只有共同协作才能达到目标。

　　日常生活中，当家庭成员或朋友遇到困难时，大家一起想办法，共同努力能更快地找到解决方案，同时也能增强彼此之间的情感联系。

　　虽然求助于人可能让人看到我们自己的不足之处，但实际上这是一种智慧的表现。它表明我们有自知之明，知道自己的局限，并且愿意通过借助他人之力来超越这些局限。

　　汉朝的建立不仅是刘邦个人的功劳，更是他善于运用团队智慧和力量的结果。在这一过程中，萧何、张良与韩信等杰出人物的加入及贡献，对汉军的胜利起到了决定性的作用。

　　萧何作为一位卓越的行政官员和智者，为刘邦提供了坚实的后勤支持和行政管理。他不仅重组了秦朝留下的法律和行政系统，还优化了税收和兵役制度，确保了战争的持续进行和士兵高涨的士气。萧何的行政才能使刘邦可以全心投入战争中去。

　　张良以其深厚的战略谋划能力著称，是刘邦的重要谋士。他的许多策略都对刘邦的军事行动产生了重大影响。张良不仅策划了多次成功的战役，还在鸿门宴上帮助刘邦化解了致命危机，他的智慧和远见帮助刘邦在关键时刻作出正确的决策。

　　韩信是中国历史上杰出

我的成功离不开大家的帮助，尤其是萧何、张良与韩信。

的军事家之一，他提出的"兵贵神速"的战略思想，以及创新的"背水一战"战术，都极大地提高了汉军的作战能力和士气。韩信的指挥才能，让汉军在多次关键战役中取得了胜利，最终帮助刘邦击败了项羽，统一了全国。

刘邦对这些人才的使用，显示了他重视和擅长发掘使用人才的能力。他不仅给予他们重要的职位，更给予他们足够的信任和支持，使他们能够充分发挥自己的才能。这种开放的用人思想和对人才的重视，是刘邦能够赢得胜利、统一全国的关键因素之一。

刘邦注重团队协作和战略布局，通过合理的分工和协调，形成了强大的合力。他不是孤军奋战，而是依靠整个团队的智慧和力量，共同面对挑战和困难。正是依靠这种团队合作的力量，使得刘邦能够在复杂的战争和政治局势中脱颖而出，最终建立了大汉王朝。

记住，求助不是弱点，而是一种勇气和智慧的展现。当我们学会借助外力，就学会了如何利用周围的资源，并达到目标。这不仅能帮助我们在学业上取得成功，更能在生活中赢得更多的胜利。

强者法则十　自律通往成功

强者都有属于自己的规则

当我们学会控制自己的行为，坚持做应该做的事情，比如按时完成作业、保持房间整洁，这样的小小自律，会让我们变得更加强大和自信，为将来的成功打下坚实的基础。

小朋友们，自律是自我管理的一种能力，它要求我们坚持做正确的事情，即使这些事情在当下看起来并不那么令人愉快。对于正在学习知识的我们来说，自律也意味着按时完成作业，合理安排玩耍和学习的时间，或者坚持每天的阅读习惯。这些看似简单的行为，实际上是在培养我们的自我控制力和责任感。

当我们学会自律时，我们就能够更好地面对学习和生活中的挑战。一个自律的孩子会在平时的学习中认真复习，而不是考试前临时抱佛脚，他会在玩乐和学习之间找到平衡，而不是沉迷于玩游戏。

自律还能帮助我们建立自信心。每当我们克服诱惑，完成自己设定的目标，就会对自己的能力感到自豪。这种自豪感会转化为自信，让我们相信自己能够应对更多的挑战。

　　自律会为成功打下基础。无论是学业上的成就，还是个人将来的发展，自律都是关键因素。我们要明白，成功不是偶然得来的，而是通过不懈努力和自我约束实现的。

　　鲁迅先生作为中国现代著名的文学家、思想家和革命家，他的一生充满了奋斗与坚持。从小，他就展现出了对知识的渴望和对学习的执着。

　　少年时，在寒冷的冬夜，鲁迅常常坐在昏黄的灯光下埋头苦读。他明白，只有通过不懈地努力，才能获得真正的知识。然而，寒冷的天气常常让他难以忍受，手指僵硬，思维迟钝。为了驱散寒意，他采取了一种独特的方法——嚼辣椒。每当夜深人

现在感觉好多了。

静、寒气逼人时，他便会拿起一个辣椒，放在嘴里细细咀嚼。那种嗓子辣辣的感觉，瞬间让他的身体变得暖和起来，仿佛有一股暖流在体内流淌。借助这股力量，他继续投入学习中，品味着书中的智慧。

这种自律的精神不仅体现在鲁迅先生的学习上，更贯穿了他的整个人生。他坚信，只有通过不懈地努力和坚持，才能实现自己的理想和抱负。无论是在留学日本期间，还是在回国后投身教育事业，他都始终保持着这种精神。他用手中的笔揭露社会的黑暗，呼唤人们的觉醒；他用行动践行着自己的信念和追求。

正是这种自律的精神，使鲁迅先生最终成为著名的文学家。他的作品，如《呐喊》《彷徨》等，以其深刻的思想和独特的风格，影响了一代又一代的读者。他广为流传的"横眉冷对千夫指，俯首甘为孺子牛"等名言警句，表现了他对敌人决不屈服、甘愿为人民大众无私奉献的精神，激励着无数人为正义和真理而奋斗。

如今，当我们回顾鲁迅先生的一生时，不禁为他那种自律的精神所感动。他用自己的行动诠释了什么叫作真正的坚持和奋斗。

让我们从小事做起，练习自律，逐步向成功迈进。记住，自律是通向成功的阶梯。

自律方能自强

　　当我们学会管理自我行为，坚持做应该做的事，就能不断进步。比如，按时完成作业，不拖延，这样我们就会越来越强大。

　　小朋友们，自律不仅是一种自我管理的能力，更是一种自我提升的强大工具，它使我们通过管理自己的行为和决策来创造自己的未来。学习上的自律意味着即使在外界有许多诱惑和干扰时也能坚持自己的学习计划。随着时间的积累，这种自我控制的能力会逐渐转化为内在的力量，让个人不断成长和进步。

　　当一个人学会自律时，他就开始了自己的自强之旅。例如，面对一个难以理解的数学问题，自律的人会选择坚持而不是放弃，通过不断地尝试和努力，最终解决问题。这个过程不仅增强了解决问题的能力，还建立了一种信念：只要足够努力，就没有克服不了的困难。

　　长远来看，自律带来的不仅是短期的成功，比如取得好成绩或者赢得比赛，更重要的是，它教会我们如何在面对生活中的挑战时保持坚韧不拔。这种能力将伴随我们成长，帮助我们在各种生活领域中实现自我超越。

　　司马光是北宋著名的史学家、文学家和政治家，出身于一个有着深厚文化底蕴的官宦世家。他的家族世代为官，家中长辈都是学识渊博的读书

人，这样的家庭环境为司马光的成长提供了得天独厚的条件。

司马光从小就展现出了与众不同的天赋。他机智过人，思维敏捷，对于各种问题都能迅速做出反应。同时，他又勤奋好学，对知识有着近乎痴迷的追求。他深知时间的宝贵，因此总是尽可能地利用一切时间来阅读和学习。

为了更好地利用时间读书，司马光制作了一个圆木枕头，这个枕头被称为"警枕"。这个枕头的设计非常巧妙，它的形状和大小都经过精心计算，以确保当司马光在睡觉翻身时，枕头会随之滚动，头从枕头滑落在床板上，从而将他从睡梦中唤醒，避免睡过头。这样一来，他就可以利用这些零碎的时间继续研究学问，不浪费任何一个可以学习的时刻。

这种自律的习惯不仅让司马光成为一位学问渊博的人，更让他在学术上取得了巨大的成就。他编纂的《资治通鉴》是一部贯穿古今、内容广泛的历史巨著，堪称中国史学史上的不朽之作。这部著作耗费了司马光近二十年的心血，充分体现了其严谨的治学态度和深厚的学术功底。

一个人要想取得成功，不仅需要天赋和机遇，更需要有坚定的信念和不懈的努力。只有像司马光那样，始终保持对知识的追求和廉洁俭朴自律，才能在人生的道路上不断前行，最终达到自己的目标。

司马光用他自己的实际行动诠释了什么是真正的治学精神，什么是真正的修身自律。

　　从今天开始练习自律，无论是早睡早起，还是每天坚持阅读，都是向着成为更强大的自己迈出的一小步。自律会使你成为一个自立、自信、自强的人。

强者法则十一　自我催生的原动力

自我激励：成功路上的加油站

> 遇到困难时，鼓励自己不放弃，就能重燃斗志，继续努力。这就像给车加油，能让我们不断前进。

小朋友们，自我激励是成功之旅中不可或缺的推动力，它像是一路上的加油站，让我们在追求目标时不因挫折而止步，从而不断前行。

当我们面对一个难解的数学题或一项看似不可能完成的任务时，自我激励能够帮助我们重燃斗志，找到解决问题的新方法。这种内在的动力来源于对成功的渴望和对挑战的正面回应，它能让我们在失败面前保持坚韧不拔的意志。

自我激励还存在于设定目标和实现这些目标的过程中。有了明确的目标就如同路上的指路标，能给我们指引前进的方向。每当达成一个小目标，就会激发更多的动力去迎接下一个挑战。这种循序渐进的方式让成功变得不再遥不可及，而是通过一系列小成就的积累，最终达到目的。

自我激励还有助于个人成长和团队建设。通过积极的自我对话和肯定，我们可以增强自信，从而更好地处理与同伴的关系，同时学会如何在团队中发挥自己的优势。

　　东汉有一个叫孙敬的人，他是一位胸怀大志的学子。在那个时代，知识是改变命运的力量，孙敬深知只有通过刻苦学习，才能实现自己的理想和抱负。

　　孙敬自幼就十分勤奋，常常废寝忘食地闭门苦读。然而，读书时孙敬常常会感到困倦。但他没有被困难打倒，而是积极寻找解决办法。最终，他想出了一个惊人的自我激励之法——头悬梁。

　　孙敬找来一根绳子，一端绑在房梁上，另一端系在自己的头发上。每当他感到困倦，想要打瞌睡时，只要头一低，绳子就会猛地拉扯头发，带来一阵剧痛，从而让他瞬间清醒过来。

在无数个日日夜夜，孙敬以顽强的毅力和自我激励的精神，克服了重重困难。在他的心中，只有一个目标，那就是成为一名有学识、有品德的人。

正是这种自我激励的力量，让孙敬在学业上取得了巨大的成功。他饱读诗书，学识渊博，最终成为当时著名的学者。他的故事也激励着后世无数的人，让人们明白，只要有坚定的信念、顽强的毅力和有效的自我激励方法，就能够克服困难，实现自己的梦想。

人生的道路从来都不是一帆风顺的，当我们面临繁重的学业压力时，当我们为了实现梦想而日夜奋斗时，自我激励就是那让我们坚持下去的动力源泉。它让我们在疲惫不堪的时候依然能够挺起胸膛，继续前行。

你可以为自己设定明确的目标，每当实现一个小目标，就给自己一个小小的奖励；也可以在遇到困难时，回忆自己曾经取得的成功，从中汲取力量；还可以与志同道合的朋友互相鼓励，共同进步。

总之，自我激励是获得成功的关键。只有不断地激励自己，我们才能在人生的道路上勇往直前，实现自己的价值和梦想。

让我们学会自我激励，为自己的成功之路加油，不断努力向前，直到达到梦想的彼岸。自我激励不仅能帮助我们在学业上取得进步，在个人成长和社交互动中也扮演着重要角色。

源源不断的动力从何而来

> 源源不断的动力来自我们内心的自我激励。当我们面对挑战，要告诉自己："我可以做到！"

小朋友们，你们知道吗？在你们成长旅程中，有一个超级厉害的"魔法"，它能让你变得更加自信、更加成功，这个"魔法"就是自我激励。自我激励是一种内在的力量，它能够帮助我们在面对挑战和困难时不轻言放弃。因此，学会自我激励特别重要。这种动力来自内心的一种信念，那就是相信自己通过努力能够达到目标的信念。

当我们遇到困难和挑战时，自我激励能够帮助我们树立自信，激发斗志。例如，当一个人在学骑自行车时不断摔倒，如果他能够自我激励，告诉自己"我可以学会，再试一次！"那么他就有可能克服困难，最终学会骑自行车。

自我激励能够帮助我们逐步实现所设定的目标。每一个小目标的达成都是对自己的一种肯定，它会激发我们向更大的目标进发。这种正面的循环不仅增强了自信心，还能够让我们在学习和生活中持续进步。

波兰裔法国籍物理学家、化学家居里夫人在研究放射性元素的过程中，面临着巨大的困难和风险。然而，她凭借着自我激励和对科学的热爱，坚持不懈地继续研究，最终取得了重大的科学成就。

居里夫人的研究之路充满了艰辛和挑战。当时，放射性元素的研究还处于初级阶段，人们对其知之甚少。居里夫人不仅要面对技术上的难题，还要应对社会对女性科学家的偏见。然而，她并没有被这些困难打倒，反而更加坚定了自己追求科学的决心。

在研究过程中，居里夫人面临着巨大的风险。放射性元素释放出的辐射对人体有害，而当时的防护措施有限，使得她不得不长时间暴露在辐射

我要把生命变成科学的梦，然后再把梦变成现实。

环境中。尽管如此，她也没有退缩，而是选择了勇敢地面对。她深知自己的研究对于科学界的重要性，因此她愿意冒这个险。

居里夫人在艰苦的环境中能够甘之若饴、不断前进的动力，源于她坚信自己的研究能够为人类带来福祉，这种信念使她克服了种种困难。她投入了大量的时间和精力进行实验和观察，不断探索放射性元素的奥秘。最终她的毅力和坚持得到了回报，发现了镭和钋这两种重要的放射性元素。

居里夫人的这一发现不仅填补了科学界的空白，也为后来的科学研究奠定了重要的基础。她的研究成果引起了广泛的关注和赞誉，使她成为第一个两次获得诺贝尔奖的女科学家。她所取得的科学成就不仅是个人的荣耀，更是对整个科学界的贡献。

可见，在面对困难和风险时，自我激励和对事业的热爱是战胜一切的关键。居里夫人的勇气和毅力激励着无数人追求科学的梦想，并为后来的科学家们树立了榜样。

我们也应该向居里夫人学习，用自我激励这个神奇的"魔法"给自己注入力量。只要你学会了自我激励，未来的你一定可以成为一个超级自信、超级成功的人，将会拥有无比精彩的人生。

> 源源不断的动力来自自我激励。即使在遇到困难时，也要鼓励自己，坚持尝试，记住每一次的努力都是向成功迈进的一步。学会自我激励，让自己成为一个更加坚强和自信的人。

强者法则十二　勇敢去尝试

勇敢尝试，快乐成长

> 勇敢的心让我们敢于尝试新事物，面对困难不退缩。只要勇敢尝试，我们就能发现新乐趣，学到新知识。

小朋友们，勇气是每个人成长过程中的重要品质，它让我们敢于尝试新事物，勇于面对挑战。拥有一颗勇敢的心，意味着在遇到未知和困难时，能够鼓起勇气去尝试，而不是退缩。

当我们面对一个新的挑战，比如学习一门新乐器或尝试一项新运动，可能会感到害怕或紧张。但是，通过勇敢尝试，我们可以发现新的乐趣，学习新的知识，不断拓宽自己的视野。正是这种勇气，让我们能够踏出舒适区，去探索未知的领域。在这个过程中，我们不仅学会了新技能，更重要的是学会了如何面对困难、如何克服恐惧。

每一次的尝试，即使不成功，也是一次宝贵的经验。它教会我们坚持和努力，也让我们了解到失败并不可怕，重要的是能从中汲取经验，然后再次尝试。这样的经历，可以让我们成为更加坚忍和自信的人。

有一个人的名字在人类的历史上留下了浓重的一笔，他就是尼尔·阿姆斯特朗。他不仅仅是一名美国宇航员，更是第一个人类历史上勇敢地踏上月球表面，登上月球的英雄。他的这一壮举不仅展现了他个人探求未知领域的勇气和决心，更是为整个人类的太空探索事业开辟了新的道路。

　　阿姆斯特朗的太空之旅充满了未知与挑战。在那个科技尚不发达的年代，太空旅行对于人类来说还是一个全新的领域，充满了未知的风险和困难。然而，阿姆斯特朗却以巨大的勇气和坚定的信念，接受了这一挑战。他深知，这次旅行不仅仅是为了个人的荣誉和成就，更是为了人类的未来和进步。

　　在登月的过程中，阿姆斯特朗展

这是我个人的一小步，却是人类的一大步。

现出了非凡的专业技能和冷静的判断力。他不仅要面对复杂的机器操作和紧张的时间压力，还要应对可能出现的各种突发状况。然而，他始终保持冷静和专注，准确地完成每一个任务，最终成功地踏上了月球的表面，成为第一个蹬上月球的人。

阿姆斯特朗的成功不仅仅是他个人的胜利，更是迈出了人类探索宇宙的重要一步。他的勇气和决心激励着无数人去追求更高的目标，去勇敢地面对未知的挑战。他的成就也为后来的太空探索提供了宝贵的经验和启示，使得人类对宇宙的认知更加深入和全面。

> 无论是学习上，还是生活中，勇敢的心不仅能让我们尝试新事物，更能帮助我们在尝试中成长，发现更多的可能性。

世界属于智者，更属于勇者

　　智者能思考问题，找到解决办法，但只有勇者才想要改变现状，并将想法付诸实践。

　　小朋友们，在世界的大舞台上，智慧和勇气是两种不可或缺的力量。智者以深邃的洞察力理解世界，而勇者则以坚定的行动力改变世界。这种勇者不只是体现在力量上的勇敢，更是道德上的勇气，他们敢于站出来反对错误，敢于在需要时充当领袖。

　　在历史的长河中，正是那些敢于对抗不公和挑战权威的勇者推动了社会的进步。他们不只是凭借武力，更凭借正义和信念，敢于为真相发声，为弱者辩护。这种精神上的勇敢是一种高尚的力量，它能够激发更多人的良知与行动，共同促进一个更加公正和美好的世界。

　　成为勇者意味着在面对困难和不公时，能勇敢地站出来，表达自己的观点，争取权利，并负起领导的责任。这需要极大的勇气和决心，但正是这种勇气让世界变得更美好。我们不仅要追求知识和智慧，更要培养道德和勇气，学会在对与错面前做出选择，敢于担当和引领。

　　林则徐是清朝的一位杰出官员，以其坚定的禁烟立场和对抗外国势力干涉的勇气而闻名于世。他明白外国鸦片的输入对中国社会和民众的危害，因此毅然决定采取措施禁止鸦片贸易，迫使英国商人交出鸦片，在虎门海滩集中销毁。虎门销烟成为打击毒品的历史事件，展现了他的爱国精神和民族责任感。

在禁烟运动中，林则徐采取了多种措施，包括严厉打击鸦片贩子、加强海关监管、提高关税等。他还积极与英国商人进行谈判，试图通过外交手段解决鸦片问题。然而，由于外国势力的干涉和阻挠，林则徐的努力并未取得预期的效果。尽管如此，他也没有放弃，而是继续坚持自己的信念和立场，留下了"苟利国家生死以，岂因祸福避趋之"的传世箴言。

在面对外国势力的干涉时，林则徐展现出非凡的勇气和决心。他不畏强权，敢于与外国势力正面交锋，捍卫国家的尊严和利益。他的这种勇气和决心不仅赢得了国内民众的支持和赞誉，也唤醒了中国广大民众的民族气节和爱国意识。

然而，种种原因使林则徐最终遭到了贬斥。他被降职并被派往新疆伊犁任职。尽管遭遇了这样的挫折，但林则徐并没有气馁或放弃自己的理想。相反，他更加坚定地投身于边疆地区的治理和水利建设工作中，为国家的发展和稳定做出了积极的贡献。

林则徐的行为激发了民族自强的精神。他的禁烟运动虽然未能完全成功，但唤起了人们对国家命运的关注和思考。他的勇敢和坚定让人们看到了一个有担当、有作为的官员形象，也让人们更加珍惜并维护国家的尊严和利益。

林则徐在禁烟运动中的勇敢表现和对抗外国势力干涉的决心，不仅展现了他的爱国情怀和民族责任感，也为中国近代史上的民族自强精神树立了光辉的榜样。

> 真正的勇者是那些能够用心灵去感知不公、用行动去改变现状的人。世界需要这样的勇者，因为他们以智慧指导方向，以勇气践行正义。

强者法则十三　坚持让路走得更远更久

持久的雄心靠什么

> 坚持是让路走得更远更久的关键，而持久的雄心则源于内心的热爱和明确的目标。

小朋友们，持久的雄心是实现伟大梦想的基石，而其背后的力量就是坚持。坚持是一种能力，让我们在追求目标的过程中，即使面对重重困难和挑战也不轻言放弃。坚持需要强大的意志力和不懈的努力，但收获的却是成长与成功。

在坚持的道路上，我们要学习如何面对失败，从挫折中吸取教训，并再次站起来。坚持使我们的目标更加明确，每一步都更接近梦想。

培养坚持的方法包括制定具体、可实现的目标，这样我们可以一步步实现梦想，并在过程中感受到成功的喜悦。同时，我们要学会自我激励，保持积极的心态，相信自己能够克服所有障碍。

此外，合理地安排时间和精力，确保我们在追求目标的同时也能照顾好自己的身心健康。最后，拥有一个支持你的环境也非常重要，朋友和家人的鼓励可以成为你坚持下去的强大动力。

爱迪生是美国杰出的发明家，他的一生充满了对科学和创新的热爱。在众多的发明中，电灯泡无疑是他最为人所知的成就之一。然而，这个伟大发明的背后，隐藏着一个充满挑战和失败的往事。

在发明电灯泡的过程中，爱迪生经历了上千次的失败。每一次失败都是一次打击，但他从未放弃。他坚信，只有通过不断尝试和改进，才能找到成功的方法。这种坚持不懈的精神，正是他成为伟大发明家的重要因素。

爱迪生在实验室里度过了无数个日夜，他不断地尝试各种材料和设计，希望找到一种能够长时间发光而不损坏的灯丝。他尝试过

糟糕，又失败了，不要紧，再来一次。

碳化棉线、铂金丝，甚至他朋友的胡子，但都以失败告终。然而，这些失败并没有让他气馁，反而激发了他更强烈的好奇心和探索欲。

终于，在 1879 年一个寒冷的夜晚，爱迪生发现了一种能够长时间燃烧而不断裂的材料——碳化竹丝。他将这种材料放入灯泡中，灯泡发出了明亮的光芒，而且持续了很长时间。这一刻，他知道自己终于成功了。

爱迪生发明的电灯泡不仅仅是一个简单的照明工具，它还极大地改变了人类的生活方式。在电灯泡出现之前，人们只能在白天工作，晚上则依靠蜡烛或煤油灯来照明。这些光源不仅光线暗淡，而且容易引发火灾。电灯泡的出现，使得人们可以在夜晚进行更多的活动，不仅提高了工作效率，也改善了人们的生活质量。

此外，电灯泡还促进了其他技术的发展。例如，电影、电视等娱乐方式的出现，都离不开电灯泡的照明作用。可以说，爱迪生的电灯泡为现代科技的发展奠定了坚实的基础。

而这一切，除了爱迪生的雄心壮志之外，他的敢于尝试、永不放弃、不懈坚持也是重要的一些品质。

> 当我们遇到困难时，不要灰心，要勇敢地站起来，继续前进。只有不断尝试和努力，我们才能实现自己的梦想，创造出属于我们的精彩未来。

坚持就是胜利

坚持是通往胜利的桥梁。无论遇到什么困难，只要我们不放弃，持之以恒地坚持努力，最终就能取得成功。

小朋友们，坚持是实现目标和梦想的关键因素。当我们面对挑战和困难时，可能会感到灰心或想要放弃，但正是坚持让我们能够克服这些障碍，继续前进。在学习和生活中，我们经常会遇到难以解决的问题，但是只要我们坚持不懈，总能找到解决方法。这种不断的努力和尝试不仅帮助我们解决问题，更重要的是培养了我们坚韧不拔的品质。

坚持还意味着在面对诱惑和干扰时，能够专注于我们的目标。例如，当朋友们都在玩耍时，如果我们能够坚持完成作业并复习，那么我们在学习上就会取得更好的成绩。这种自我控制的能力，将帮助我们在今后的生活和工作中取得更大的成功。

此外，坚持还能激发我们内在的潜力。很多时候，我们可能不知道自己在某个方面能走多远，但是坚持不懈的精神能让我们不断超越自我，达到新的高度。每一次的坚持不仅是对目标的执着和追求，也是对自己能力的挑战和提升。

挪威探险家罗阿尔德·阿蒙森是与人类第一次到达南极点紧密相连的。他的坚持和勇气使他在极端条件下完成了这一壮举。

阿蒙森的一生充满了对未知世界的探索和挑战。他出身于一个有着航海传统的家庭，从小就对海洋和远方的土地充满了好奇。这种好奇心驱使他投身于极地探险事业，成为一位杰出的探险家。

在他的探险生涯中，阿蒙森展现出了非凡的勇气和毅力。他带领着一支由精英组成的探险队伍，穿越了茫茫的冰原和雪地，在极端的天气和艰苦的环境中，他们面临着巨大的挑战，如暴风雪、低温和食物短缺等，但阿蒙森从未放弃过。

在前往南极点的途中，阿蒙森和他的队员们经历了无数的困难和挫

只要我们坚持，一定能到达南极点。

折。他们需要跨越巨大的冰裂隙，攀爬陡峭的冰壁，还要应对极端的寒冷天气。然而，阿蒙森始终保持着坚定的信念和决心，他鼓舞着队员们继续前进，不断地寻找着通往南极点的道路。

最终，在 1911 年 12 月 14 日，阿蒙森和他的队伍成功地到达了南极点，成为第一个完成这一壮举的人。这一成就不仅是对他个人勇气和毅力的肯定，也是人类探索精神的一次伟大胜利。阿蒙森的成功不仅为挪威赢得了荣誉，也激励着后来的探险家继续探索未知的领域。

阿蒙森的探险精神和勇于坚持的影响远远超出了他的个人成就。他的故事激励着无数人追求自己的梦想，勇敢面对困难和挑战。他的成就也提醒着人们，唯有雄心壮志才能点燃火热的心，只要有坚定的信念和不懈的努力，就能够克服一切困难，实现自己的目标。

　　无论是学习、运动还是其他方面，坚持都是通往胜利的必经之路。可能一开始会很难，但只要我们不放弃，继续努力，最终我们将会为自己取得的成就感到骄傲。

强者法则十四　人无信不立

诚实不只是守信

诚实不仅是一种道德规范，更是人与人之间相互信任的基石。它要求我们不仅要守信用，还要在言行上真诚待人，不说谎话，不欺骗别人。

小朋友们，诚实是一种重要的品质，即表现为真心、真言、真行，所说的话让别人相信，因此说诚实可信、诚实守信。但诚实不仅仅体现在守信上。

守信当然是诚实的一部分，它意味着当我们承诺做某件事时，就要尽全力去完成它。但诚实的含义远不止于此，它还要求我们在言语和行为上都要真诚、不虚假，要做到真实不欺，既不自欺，也不欺人，不虚情假义，也不弄虚作假。

诚实意味着我们不接受欺骗，无论是对自己还是对他人。在交流中，这表现为真诚地表达自己的想法和感受，而不是说假话或夸大事实。同时，诚实也意味着我们要承认自己的错误，并愿意为此承担责任。这种坦率不仅有助于建立别人对我们的信任，而且有助于我们自我改进和成长。

　　诚实不仅会让我们得到别人的尊重和信任，还使我们能够更好地认识自己，建立起良好的人际关系。当我们选择诚实，就是在为自己和周围人创造一个更加和谐、更加健康的生活环境。

　　商鞅是战国时期的著名政治家和改革家，在秦孝公的支持下进行了一场深刻的变法。为了树立威信并推进改革，他采取了"立木为信"的策略。

　　他命人在都城南门外立了一根三丈长的木头，并当众许下诺言：谁能把这根木头搬到北门，就赏给他十两黄金。围观的人纷纷议论，但没有人相信真的能得到赏金，所以没人敢试一试。商鞅见状，又把赏金提高到五十金。这时，

我搬好了，不会被骗吧?

北门

有一个年轻人站了出来，他扛起木头走到了北门。商鞅立即派人传出话来，赏给这个年轻人五十金，一分也没少，以示不欺百姓。

这件事立即在秦国引起了轰动，人们纷纷称赞商鞅说到做到，是一个言而有信的人。自此，新法颁布，得到了百姓的认可。

商鞅深知要成功推行变法，就必须赢得民众的信任和支持。因此，他上任后，立即着手制定了一系列严格的法律，并开始大力推行。从此，商鞅推行的新法得到了人们的广泛遵守和支持，秦国也逐渐强大起来。然而，由于新法的实施触动了许多世袭贵族的利益，因此遭到了强烈的反对和抵制。商鞅虽死，秦法未败。

"立木为信"是说要言出必行，说到做到。一个诚实的人，必然是一个讲诚信的人。

诚信是一个人、一个社会乃至一个国家的重要基石。只有建立在诚信的基础上，才能赢得他人的信任和支持，从而取得更大的成功。

在日常生活中，我们都要努力做一个诚实的人，不仅仅是守信，还包括在言行举止中始终保持真诚和坦荡。这样，我们的社会将会因为更多的诚实和信任而变得更加美好。

凡事不轻易承诺

承诺意味着责任，一旦许下就必须尽力履行。

小朋友们，在与人的交往中，承诺是一种重要的行为。它不仅涉及个人信誉，还关系到他人的期望和信任。因此，我们不应该轻易地做出承诺。每当我们说出一个"我保证"或"我答应你"的时候，我们就是在对别人承诺，对方会期待我们履行这个诺言。如果承诺过于轻率，我们无法实现时，就会损害我们的信誉，同时也可能会让对方失望甚至受伤。

我们在做出任何承诺之前，应该先思考几个问题：我是否有能力完成这个承诺？我是否有足够的时间和资源？这个承诺是否会给自己或他人带来不便？如果答案是不确定的，那么最好是诚实地解释情况，而不是草率地做出承诺。

不轻易承诺也体现了一种责任感。每个承诺都是一个责任，需要我们认真对待。当我们知道自己无法履行承诺时，应该坦诚地说出来，并尽可能提出其他解决方案。这样，虽然我们没有做出承诺，但展现了我们解决问题的态度和诚意，同样能够赢得他人的尊重和理解。

春秋时期有一位叫曾子的人，他是孔子的弟子。有一天，曾子的妻子准备去集市采购一些生活用品。她的儿子，一个活泼可爱的小家伙，一直跟在她身后，眼泪汪汪地看着她。他想要跟随母亲一起去集市，但母亲可能是担心孩子跟着自己有些麻烦，所以决定留他在家中。

为了安抚儿子的情绪，曾子的妻子随口说了一句："你回去，等我回家后杀一头猪给你吃肉。"她并没有真的打算这样做，只是想让儿子安静下来。

当妻子从集市回来时，曾子已经准备好了杀猪的工具，准备履行妻子的承诺。妻子急忙制止他说："我只不过是与小孩子开玩笑罢了。"

曾子却严肃地回答："小孩子是不能和他开玩笑的。他们的心灵纯洁无邪，对世界充满

别，我和孩子开玩笑呢。

说到就要做到！

好奇和信任。我们应该以身作则，给予他们正确的引导和教育。如果我们欺骗他们，就是在教他们欺骗。母亲欺骗儿子，儿子就不会相信自己的母亲，这不是教育孩子该用的办法。"

听到丈夫的话，妻子深感愧疚。她意识到自己一时的玩笑可能给孩子带来不良影响。于是，她决定支持丈夫的决定，一起完成这个承诺，就和曾子马上杀猪煮了肉给孩子吃。

从那以后，曾子的儿子变得更加懂事和听话。他明白了父母的教诲是为了他的成长和幸福。而曾子和妻子也时刻提醒自己要以身作则，成为孩子的榜样。

诚实和守信是人与人之间信任的基石。只有做到言行一致，我们才能赢得他人的信任和尊重。同时，这个故事也提醒我们，如果承诺了某件事，那么无论如何都要尽力去完成，而不是随口说说。

如果做不到，就不要轻易承诺，如果承诺了，就一定要做到。

在生活中，让我们学会审慎地对待每一次做出承诺的机会。凡事不轻易承诺，但一旦承诺了，就要尽全力去履行。这种负责任的行为将帮助我们建立起良好的人际关系，成为一个值得别人信赖和尊敬的人。

强者法则十五 同情心改变世界

硬核柔情：强者如何运用同情心改变世界

> 强者并不是躯体强大，而是内心强大。内心强大的人更有同情心，更能理解和关心他人，他们的身边也会聚集更多的志同道合者。

小朋友们，强者通常被认为拥有坚定的意志和非凡的能力，但真正的力量还包括同情心。同情心是理解和共享他人感受的能力，它让强者能够与他人建立信任和尊重的关系，这是征服世界的关键。

你知道世界上第一个护士是谁吗？

她就是英国的南丁格尔，她以其卓越的护理技能和无私的奉献精神，为世界护理事业树立了不朽的丰碑。

在克里米亚战争期间，南丁格尔以无畏的勇气和坚定的信念，率领38名护士深入英国战地医院，面对恶劣的医疗条件和医疗资源的匮乏她没有退缩，而是积极寻求改善之道。她深知，作为一名护士，不仅要有扎实的专业知识，更要有一颗充满同情心的心。因此，她在救治士兵的过程中，始终以关爱和尊重为前提，用温柔和细致的护理，给予士兵们最大的安慰和支持。

　　南丁格尔不仅关注士兵们的身体康复，更注重他们的心灵疗愈。她常常坐在士兵们的床边，耐心倾听他们的心声，用温暖的话语化解他们内心的恐惧和焦虑。在她的关怀下，许多原本因伤痛而绝望的士兵重新找回了生活的信心和勇气，他们的脸上也重新绽放出了笑容。

除了直接救治士兵外，南丁格尔还致力于改善战地医院的环境和医疗条件。她积极争取政府的支持和资金，对医院进行了大规模的改造和升级。在她的带领下，医院的环境变得更加整洁和舒适，医疗设备也得到了更新和完善。这些改善措施极大地提高了医院的救治能力和效率，使更多的士兵得到了及时有效的治疗。

南丁格尔的贡献不仅限于战地医院，她还是一位杰出的教育家和改革者。她创立了世界上第一所护理学校，为培养专业护士提供了系统的教育和培训。她编写的《护理札记》一书，成为护理领域的经典之作，为后来的护理实践和理论发展奠定了坚实的基础。

南丁格尔的一生充满了奋斗和奉献。她用行动诠释了什么是真正的同情心和专业精神。她的事迹激励着无数后来者，继续为人类的健康和福祉而努力。如今，当我们提及南丁格尔的名字时，不仅是在缅怀一位伟大的女性，更是在向一种崇高的精神致敬。这种精神将永远激励着我们去追求更高的目标，去创造更美好的未来。

同情心是强者不可或缺的品质。它让力量得以温柔地施展，使征服不仅在物质上，更在心灵上。通过发扬善意和同情心，强者能够赢得人心，这才是最真实且持久的胜利。

从"我"到"我们"：发现同情心的魔法

同情心让我们能够感受他人的情感，理解和关心他们的处境和经历。这种能力帮助我们建立起与他人的联系，共同创造更加和谐的社会环境。

小朋友们，同情心是一种神奇的品质，它能够将个体的"我"转化为集体的"我们"。这种转变不仅仅是语言上的小变化，更是心灵和思维方式的巨大转变。同情心让我们能够走进别人的内心世界，感受他们的快乐、悲伤、希望和绝望，就如同这些情感是我们自己的一样。

当我们运用同情心时，就开始理解每个人的独特性以及他们面临的挑战。这种理解能使我们减少偏见和误解，增加对有不同背景和经历的人的尊重。同情心让我们知道，无论外表如何，我们都拥有共同的感受和需求——被理解、被尊重和被爱。

在团队合作或社交互动中，同情心的作用尤为明显。它能促进倾听与沟通，帮助我们在需要时提供及时的支持，这不仅增强了团队的凝聚力，也提高了解决问题的效率。当一个人遇到困难时，团队成员的同情心可以为他提供温暖和力量，使得整个团体更加团结。

特蕾莎修女是一位被世人深深敬仰的人，她以无私的爱和奉献精神，为穷人和病人带去了希望和尊严。她的一生都在践行着对人类苦难的深切同情，她的工作和生活方式都体现了这种无私的关怀和奉献。因她一生致力于消除贫困，曾获得诺贝尔和平奖。

　　特蕾莎修女的一生可以用"奉献"二字来概括。她从小就对贫穷和疾病有着深切的体验和认识，这些经历让她更加坚定了帮助他人的信念。她放弃了舒适的生活，选择在印度加尔各答的贫民窟中为人们服务，那里充满了贫困、疾病和绝望。她没有华丽的言辞，只有实际的行动，她用自己的双手和爱心，为那些生活在社会最底层的人们带去了

希望和安慰。

特蕾莎修女的工作不仅给人们提供了物质上的援助，更给予了人们精神上的支持。她总是能够用温暖的话语和微笑来鼓励那些失去信心的人，让他们重新找到生活的意义和价值。她的存在就像一束光芒，照亮了那些黑暗的角落，让那些被遗忘的人感受到爱和关怀。

特蕾莎修女不仅仅关注那些与她有相同信仰的人，她的爱是无国界的，是超越种族、宗教和文化的。她用自己的行动告诉世人，每个人都值得被尊重和关爱，无论他们的身份如何，无论他们的处境如何。

特蕾莎修女的奉献精神激励着无数人去关注那些被忽视的群体，去向那些需要帮助的人伸出援手。她的名字成为慈善和奉献的代名词，她的故事成为激励人们向善的力量。

　　同情心是连接个体与社会的桥梁。它不仅帮助我们理解和关心他人，也让我们成为更好的人。通过培养同情心，我们可以一起创造一个更加关爱、更加包容的世界。

强者法则十六　越是优秀的人，越懂得尊重别人

小勇士的社交秘诀：尊重每一个伙伴

每个人都有自己的想法和感受，只有相互尊重，才能建立和谐的友谊。尊重别人，就是尊重自己。

小朋友们，我们要知道，每个人都是独一无二的，拥有自己的思想、感受和背景。当我们展现出对他人的尊重时，实际上是在认可他们的独特性，并表达出我们愿意理解和接受他们的不同。这种尊重能够建立起信任和友谊的桥梁，让我们的社交关系更加稳固、和谐。

尊重他人意味着我们要学会倾听和理解。每个人都有自己的故事和经历，当我们用心去倾听时，就能更深入地了解他们的想法和感受。通过倾听和理解，我们可以更好地与他人沟通和交流，避免误解和冲突。同时，这也让我们成为一个更有同理心和善解人意的人。

尊重他人还包括尊重他们做出的选择和决定。我们应该尊重每个人的自主权，不强迫他们做自己不愿意做的事情，这有助于建立更加平等和尊重的社交关系。

　　汉明帝刘庄是东汉第二位皇帝，他以其卓越的政治才能和深厚的仁爱之心，赢得了朝野上下的广泛赞誉。在他光辉的一生中，有一段特殊的师生情谊，被后人传颂不衰。

　　桓荣是汉明帝当太子时的老师。他不仅学识渊博，更有着高尚的品德和严谨的教学态度。在桓荣的悉心教导下，刘庄不仅学业有成，更学会了如何为人处世、治国安邦。因此，对于这位恩师，汉明帝始终怀有深深的敬意和感激之情。

老师！

继位成为皇帝后，汉明帝并没有因为身份的改变而忘记对老师的尊重和关怀。有一次，汉明帝特意前往太常府探望，那里已经摆好了老师的桌椅。他请桓荣坐在东边的尊位上，然后将文武百官和桓荣弟子都召集过来，当众行师生之礼。这一举动不仅让桓荣感动不已，也让在场的百官深受震撼，纷纷感叹皇帝对老师的尊重和感恩之情。

桓荣每次生病时，汉明帝更是表现出了极大的关心，还亲自登门看望。每次探望老师时，汉明帝都是一进他家所在街口便下车步行前往，以表尊敬。这样的举动，让病中的桓荣深切感受到了皇帝的真挚关怀。

后来，桓荣离开了人世，汉明帝深感悲痛。他不仅亲自临丧送葬，还特意换了衣服以示哀悼。此外，他还对桓荣的子女进行了妥善的安排，让他们能够安心生活、继续学业。这种对老师的深情厚谊和负责任的态度，再次展现了汉明帝的仁爱之心和高尚品质。

汉明帝刘庄能够放下自己九尊之躯的至高身份来恭敬地对待老师，这种用心与风范无疑是值得我们学习和传承的。他用自己的实际行动告诉我们：无论身处何种地位、拥有何种权力，都应该保持对他人的尊重。这种做法不仅体现了一个人的素养，更是一个社会文明进步和社会关系和谐的重要标志。

> 学会尊重每一个伙伴是我们在社交中不可或缺的秘诀。通过尊重他人，我们可以建立起真挚的友谊和信任，让我们的社交之路更加顺畅和美好。

待人谦卑，不摆架子

无论我们有多厉害，都应该保持谦虚，不要自己。谦卑的人更容易得到他人的尊重和喜欢。

小朋友们，待人谦卑、不摆架子是一种重要的行为准则。无论我们拥有多少成就或地位，都应该保持谦逊，不炫耀自己，也不贬低他人。

当我们待人谦卑时，更容易让人接近和感受到友好。我们不会给他人带来压力或不适，而是通过平等和尊重的方式与他人交流。这有助于建立真诚的人际关系，增强彼此的信任和理解。

不摆架子也体现了我们的自信和开放。我们不需要通过显示自己的权威或优越性来证明自己的价值。相反，我们可以通过倾听他人、学习新知识、分享自己的经验来丰富自己和他人的生活。

谦卑是成长和进步的基础。只有认识到自己的不足和局限，我们才会不断追求知识和进步。同时，我们也要学会欣赏他人的长处，从他们身上学习优点。

南北朝时期的南齐国有一位名叫陆慧晓的杰出人物。他以其卓越的品质和广博的知识而闻名，无论是在文学、历史还是哲学方面，他都有着很高的造诣。他的为人更是令人敬佩，总是保持着谦逊有礼的态度，对待他人亲切而真诚。

　　陆慧晓曾在多个郡王府担任长史这一重要职位，负责协助处理政务和文书工作。尽管地位很高，但他从不因此而自视甚高。每当有官员前来拜访，不管对方的官职大小，他都以礼相待，热情周到地接待每一位访客。当客人离开时，他更是会亲自起身，将对方送到门外，以示尊重。

　　有一次，一个幕僚看到陆慧晓如此谦恭地对待来访者，感到十分不

解。他忍不住向陆慧晓提出疑问："陆长史，您身为长史，身份贵重，却对每个人都如此彬彬有礼，甚至对普通百姓也毫无架子。这样谦和真的有必要吗？您又能得到什么呢？"

陆慧晓听了幕僚的话后，只是微微一笑，轻松地回答道："我平生最厌恶别人待我无礼，所以也不容自己无礼对待别人。我之所以这样做，是因为我希望得到所有人的尊重。而要想让别人尊重我，我就必须先尊重他们。"

这番话让幕僚恍然大悟，他明白了陆慧晓为何能在官场上如此得人心，为何能得到这么多人的支持和尊重。陆慧晓的谦逊和礼貌并非无谓的做作，而是他深思熟虑后的选择，是他赢得人心和尊重的重要法宝。

陆慧晓一生都奉行为人谦恭这个准则，他清正廉洁，任人唯贤，不仅在官场上取得了巨大的成功，更赢得了无数人的敬仰和支持。他的政绩远远超过了许多同僚，成为南齐国历史上一位杰出的政治家和学者。

> 待人谦卑，虚怀若谷而不骄傲自满是一个重要的生活原则。它不仅有助于我们与他人和谐相处，还能促进个人的学习和成长。我们应该努力培养这种品质，成为一个懂得谦虚和尊重的人。

强者法则十七　永不言败，不只是说说

永远不要对生活说放弃

> 永远不对生活说放弃。无论面临多大困难，只要我们坚持下去，总会有克服它的一天，生活也会变好。

小朋友们，永不放弃是坚持和勇气的一种表现。在我们的生活和学习中，经常会遇到各种困难和挑战。有时候，这些问题看起来很难解决，如果我们轻易放弃，就永远无法克服它们。

无论遇到多少挫折和失败，我们都不能放弃努力。这种态度能够帮助我们在面对逆境时保持积极和乐观的心态，找到解决问题的新方法。要知道，每次失败都是一次学习的机会，我们可以从中吸取教训，提高自己的能力和技巧。这样，当下一次挑战来临时，我们就能更好地应对。

范仲淹出身于一个小官吏的家庭，他的父亲在他很小的时候就去世了，生活过得非常艰难。他的母亲为了抚养他长大，不得不去做一些粗重的活儿，但仍然无法维持家庭的生计。在这样的环境下，范仲淹从小就明白了生活的艰辛，也懂得了要珍惜每一次学习的机会。

尽管生活艰苦，但范仲淹从未放弃过对知识的追求，也没有放弃追求更成功的人生。他利用一切可以利用的时间和资源来学习。他白天帮助母亲干活儿，晚上则借着微弱的灯光读书。他的勤奋和毅力感动了许多人，也为他赢得了一些资助，使他得以进入学堂读书。

在学堂里，范仲淹展现出了他的聪明才智和勤奋好学的品质。他不仅刻苦钻研经史子集，还广泛涉猎各种知识，如天文、地理、兵法等。他的渊博学识使他在学堂里脱颖而出，受到了师长和同学们的赞誉。

然而，范仲淹并没有因此而骄傲自满。他深知自己的责

永不放弃，永不言败。

任重大，为了报效国家，他决定投身政治。在科举考试中，他以优异的成绩考中进士，开始了他的仕途生涯。他早年的艰辛付出最终获得了相应的回报。

除了政治成就外，范仲淹还是一位杰出的文学家。他的散文和诗词都具有很高的艺术价值，如《岳阳楼记》《渔家傲》等作品传诵至今。

范仲淹的一生充满了传奇色彩，虽然他出身寒微，但他对未来充满信心，并积极奋斗的精神成为后人学习的榜样。

"永不言败"不仅仅是一句口号，更是一种生活态度和精神力量。我们应该将这种精神融入日常生活和学习中，不断挑战自己，超越极限，实现我们的目标和梦想。

面对人生的波涛，选择勇往直前

生活中充满了波折，但只要我们坚定信念，不畏惧风浪，就能够不断前进，最终实现我们的目标。这种精神能够帮助我们克服障碍，成长为更好的自己。

小朋友们，人生之旅充满了波折和考验，这些困难就像是大海中的波浪，此起彼伏，永不停息。然而，正是这些波涛造就了我们内心的坚忍和生存的智慧。

面对生活中的挑战，我们可能会感到害怕和犹豫。但是，如果我们能够坚定信念，保持冷静，就可以在每一次的挑战中学习和成长。勇往直前不是没有恐惧，而是在恐惧面前依然选择前进。我们要勇敢地迎接每一个波涛，用我们的坚持和努力去征服它。

勇于面对人生的挑战，还意味着要有不断学习和适应的能力。生活中的变化无常，促使我们不断地学习新知识，适应新环境。只有这样，我们才能在变化中找到自己的位置，不断前进。

华罗庚是中国现代著名的数学家，他的一生充满了坎坷和挑战，但他始终勇往直前，以非凡的毅力和智慧在数学界留下了深刻的印记。

1929 年，华罗庚不幸染上伤寒病，生命垂危。在那个医疗条件有限的年代，伤寒是一种极为致命的疾病，许多患者因此失去了生命。然而，华罗庚是幸运的，他的妻子日夜守候在床前，精心照顾他。她的爱与关怀如同一盏明灯，在黑暗中照亮了华罗庚的生命之路。经过漫长的治疗，华罗庚的性命终于得以挽回，但这场病却给他留下了左腿的残疾。

面对这样的打击，华罗庚并没有自暴自弃。他深知，数学是他的热爱，也是他的追求。他坚信，即使身体残疾，他的智慧和才华依然可以为他开辟一片新天地。于是，他更加专注于数学学习，用知识来弥补身体上

勇往直前才会有更多的机会。

的不足。华罗庚在床上学完了高三和大学一、二年级的全部数学课程。

20 岁时，华罗庚以一篇论文轰动数学界。这篇论文即《苏家驹之代数的五次方程式解法不能成立之理由》，以其独特的见解和精妙的论证，赢得了专家们的高度评价。清华大学数学系主任熊庆来在看到华罗庚的论文后，毫不犹豫地请他去担任助理。这是华罗庚人生中的一个重要转折点，他从此踏上了更广阔的舞台。

从 1931 年起，华罗庚在清华大学边工作边学习。他深知自己的不足和机会的来之不易，因此用一年半学完了数学系全部课程。其中的艰辛和付出可想而知，但华罗庚从未抱怨过。他用自己的努力和汗水证明了只要有决心和毅力，就没有什么能够阻挡我们前进的步伐。

除了中文外，华罗庚还自学了英、法、德文。他深知，要想在国际数学界立足，就必须打破语言的障碍。于是，他利用一切可以利用的时间学习外语，不断地提升自己。他的努力没有白费，先后在国外杂志上发表了多篇论文，让世界看到了中国数学家的风采。

面对生活的波涛，总会有人勇往直前，这些人才是真正的强者。

> 勇往直前不仅让我们直面挑战，还让我们在生活的波涛中不断成长和进步。我们应该培养这种精神，无论遇到什么困难，都要坚持不懈，勇往直前。

强者法则十八　端正心态，激发潜力

心态的魔法：成为生活中的强者

心态是我们内心的力量，它能决定我们如何看待生活和面对挑战。拥有积极的心态就像拥有魔法一样，能让我们在困难面前保持坚强，把问题视为成长的机会。

小朋友们，你们知道吗？心态这个看似虚无缥缈的东西，实际上具有强大的力量。它可以决定我们的幸福感、成就感以及如何面对生活中的挑战。拥有正确良好的心态，我们就像掌握了一种魔法，能够在生活的战场上勇往直前，成为强者。

首先，心态决定了我们的情绪反应。当我们遇到挫折时，消极的心态会让我们感到沮丧和绝望，而积极的心态则能让我们保持乐观，相信自己有能力克服困难。情绪的好坏直接影响到我们的行为和决策，因此，调整心态，保持积极向上的情绪是成为强者的关键。

其次，心态影响着我们的行动。积极的心态激发我们采取行动，勇于尝试新事物，不断学习和成长。而消极的心态则可能让我们畏缩不前，错过许多机会。只有通过亲身实践，我们才能不断积累经验，提升自己的能力。

最后，心态还决定了我们的人际关系。一个积极、开放的心态会吸引他人与我们交往，建立良好的人际关系网络。而消极、封闭的心态则可能让我们孤立无援。人际关系对于个人的成长和发展至关重要，它不仅能在需要时为我们提供支持和帮助，还能让我们在交流中获得新的见解和灵感。

高士其是我国著名的科普作家，他的人生充满了挑战和痛苦。

清华大学毕业后，在赴美留学期间，一次意外的实验让他与脑炎过滤性病毒有了直接的接触。这个病毒侵入了他的小脑，给他留下了身体致残

的祸根。然而，他没有被这个病魔击垮，而是以惊人的毅力和勇气面对这一切。

在芝加哥大学学习细菌学时，他虽忍受着病毒的折磨，但从未放弃过。他坚持完成了全部博士课程，展现出了非凡的毅力和智慧。他的学术成就不仅得到了认可，更成为他人生道路上的宝贵财富。

回国后，他从事科普作品创作。抗日战争爆发后，他选择了前往延安，在陕北公学担任教员。尽管身体状况不佳，但他仍然坚持工作，用他的知识和热情为革命事业贡献自己的力量。他的坚忍和毅力让人敬佩，也激励着更多的人为理想而奋斗。

后来，他的病情恶化，说话和行动都变得困难，甚至连睁眼、合眼都需要别人的帮助。然而，他并没有因此而放弃科普创作。他以惊人的吃苦精神继续写作，先后完成了100多万字的作品。这些作品不仅展现了他的才华和智慧，更传递了他对科学和生活的热爱与追求。

有人问他苦不苦，他总是笑着说："不苦！因为我每天都在斗争，斗争是有无穷乐趣的。"这句话道出了他的人生态度和哲学思考。在他看来，人生就是一场斗争，而斗争本身就是一种乐趣和享受。这种乐观向上的精神让他在困境中找到了前进的动力和方向。

> 如果我们能够培养并保持积极的心态，就能在生活的挑战中屹立不倒，成为真正的强者。因此，让我们从现在开始，用心态的魔法点亮生活的每一个角落吧。

把挫折当成动力

面对挫折，我们可能会感到沮丧和失落。但如果我们能够从另一个角度来看待它，将其视为成长的机会和动力，那么挫折就会成为我们前进道路上的宝贵财富。

小朋友们，在人生的旅途中，每个角落都可能藏着挫折的影子，但正是这些挫折成就了我们的坚强。

把挫折当成动力并非空谈，而是一种深刻的生活哲学。每当我们遭遇失败，心中的失落和痛苦如同冬日里的寒风，刺骨而寒冷。然而，冬雪融化后，春天的芽儿就会破土而出，绽放生命的绿意。挫折其实是生命之树成长的养分，是推动我们前行的力量。

将挫折视为动力，需要我们对失败有一个新的认识。失败不是终点，而是通往成功的另一条路径。每一次失败都是对我们能力的考验，也是我们认识自己、完善自我的机会。我们应该勇敢地面对挫折，从中吸取教训，而不是回避或沉溺于痛苦之中。这样，我们才能将挫折转化为前进的动力，激励自己不断努力，直至成功。

记住，真正的强者从不畏惧挫折，因为他们知道，只有经历过风雨，才能见到彩虹。把挫折当成动力，不仅能够激发我们的潜能，还能让我们在逆境中发展自我，超越自我。因此，当遇到挫折时，不要气馁，而是要坚定地告诉自己：“这只是通往成功路上的一个小考验，我一定能克服它！”

在 19 世纪的法国，科幻小说尚未成为主流文学的一部分，但儒勒·凡尔纳却以其独特的想象力和创新精神，创作出了《气球上的五星期》这部作品。然而，他的创作之路并不平坦。当他满怀信心地将这部作品投稿给出版社时，却接连遭遇到 15 家出版社的拒绝。每一

106

次的拒绝都像是一记重击，让他感到无比沮丧和绝望。但他并没有放弃，而是坚信自己的作品有价值，于是在第 16 次投稿时，终于被一家出版社接受。

丹麦著名童话家安徒生的处女作问世时，也遭到了一些人的恶意攻击。他们知道他是一个鞋匠的儿子，便以此为由贬低他的作品。然而，安徒生并没有被这些攻击所打倒，他毫不气馁，笔耕不辍，用自己的才华和努力证明了自己的价值。最终，他成为世界闻名的童话大师，他的作品深受孩子们的喜爱。

这些作家的成功并非偶然，而是他们所拥有的坚定的信念、不懈的努力和对梦想的执着追求带来的必然结果。他们的故事告诉我们：在追求梦想的道路上，我们可能会遇到各种困难和挫折，但只要我们坚持不懈、勇往直前，就一定能够实现自己的目标。

　　把挫折当成动力是一种积极向上的生活态度。它要求我们在失败面前不退缩，不放弃，而是坚持不懈，勇往直前，用积极的心态去拥抱生活，拥抱未来。

强者法则十九　在变化中找到新机会

小小变形金刚：如何成为变化中的强者

拥抱变化，善于变化，是我们在人生道路上不断前行的动力。只有勇敢面对新事物，我们才能不断适应并引领时代潮流。善于变化，能让我们在挑战中不断成长，成为更优秀的自己。

小朋友们，在快速变化的世界中，拥抱变化是成为强者的关键。生活中的变化不仅是不可避免的，而且是成长的必要条件。适应力是一种宝贵的能力，它决定了我们在面对挑战时能否站立不倒。当我们学会接受并适应迎面而来的变化时，实际上是在培养自己的抗压能力和应对未来挑战的能力。

拥抱变化意味着我们必须放弃对过去的执着，勇于面对未知和不确定性。但这并不意味着我们要盲目地追求变化，而是要智慧地识别那些对我们的成长有益的变化，并积极地接受它们。在这个过程中，我们会学习到新的技能，发现新的兴趣，甚至重新定义自己的生活目标。

在变化中成为强者还需要我们不断地自我反省和自我提升。这意味着我们要有意识地评估自己及团队的强项和弱点，然后在变化的环境中找到适合自己及团队的定位。通过不断学习和实践，我们可以增强自己的适应力，从而在变化中寻找新的机会。

世界在变化，我也要变化。

　　史蒂夫·乔布斯是苹果公司的创始人之一。他以其敏锐的商业洞察力、创新精神和对技术的深刻理解，推动了计算机技术的发展。在苹果公司的早期阶段，乔布斯就意识到了台式电脑市场的巨大潜力。当时，电脑还是一种相对昂贵的设备，主要是被企业和科研机构使用。但乔布斯看到了电脑进入普通家庭的可能，于是他果断地将公司的重心转向了电脑制造。

这一决策为苹果公司的发展奠定了坚实的基础。在随后的几年里，乔布斯带领团队不断研发和改进产品，推出了多款具有革命性意义的电脑产品。其中，最值得一提的是麦金塔电脑（Macintosh）。这款电脑采用了图形用户界面（GUI），使得用户可以通过直观的图标和窗口来操作电脑，极大地提高了电脑的易用性。麦金塔电脑的推出不仅改变了人们对电脑的认知，也推动了整个计算机行业的发展。

除了电脑外，乔布斯还带领苹果公司进军了音乐、手机和平板电脑等领域。2001年，苹果公司推出了 iPod 音乐播放器，这款产品凭借其独特的设计和出色的音质迅速赢得了消费者的喜爱。随后，苹果公司又推出了 iPhone 手机和 iPad 平板电脑。这些产品都采用了触摸屏技术，提供了前所未有的用户体验，再次引领了科技潮流。在乔布斯的带领下，苹果公司不仅在产品上取得了巨大的成功，也在商业模式上进行了创新。

每一位强者都不故步自封，他们都善于拥抱变化，在变化中不断创新和成长，不断走向强者之路。正如乔布斯一样，谁最先拥抱变化，谁就距离未来更近一点儿，谁就能日后成为别人的学习标杆和榜样。

拥抱变化并在变化中成为强者，这是我们在这个快速发展的时代生存和发展的必要条件。我们应该把变化视为一种机遇，而不是威胁，通过不断适应和学习，让自己成为一个更加强大、更加有能力的人。

适应环境的智慧

　　适应环境的智慧是生活的重要技能。我们要观察四周，学会在不同情境下找到最合适的应对方式。灵活应变不仅展示了我们的智慧，也是我们成长的体现。适应力越强，我们就变得越强大。

　　小朋友们，适应环境的智慧是每个人在人生旅途中必须掌握的一种重要能力。它不仅意味着生存，更关乎我们能否在不断发展变化的世界中寻找到自己的位置，发挥出最大的潜能。

　　适应环境的智慧首先体现在对环境的敏感度和认知上。我们需要有意识地关注周围发生的变化，无论是社会的大趋势，还是日常生活中的小波动。这种敏感度使我们能够及时调整自己的行为和策略，以适应事物的发展和环境的变化。

　　适应环境也意味着拥有灵活的思维和应变能力。当外部环境发生变化时，我们应该能够迅速调整自己的思路和行动，而不是固守旧有的经验和做法。灵活的思维使我们能够在面对挑战时找到新的解决方案，做到随机应变，而不致被困难打倒。

　　适应环境还需要我们有勇于尝试和接受新事物的勇气。在新的环境中，我们可能会遇到从未接触过的事物和情况。这时，勇于尝试和接受新事物成为适应环境的关键。我们应该保持开放的心态，积极学习新知识，不断拓宽自己的视野。

《西游记》的故事大家都耳熟能详，在真实的历史中，确实有一个叫玄奘的高僧前往遥远的异国他乡求取佛经。

玄奘是唐朝时期的高僧。当时的佛教经典多有残缺，且翻译不准确，

昨天还能见到绿洲，今天就见不到了。

是呀。

众说纷纭。为了求取完整的佛经，他决定亲自前往印度，寻找原始的佛教经典。

在西行取经的漫漫长路上，玄奘展现出了非凡的适应环境的能力，从而成就了英雄之名。

首先，他面临着地域的巨大差异，从繁华的中原走向荒芜的西域，气候、地形的变化极端而严酷。沙漠中的酷热让水分迅速蒸发，水源稀缺，沙尘暴随时可能席卷而来；高原上的严寒则令人瑟瑟发抖，稀薄的氧气更是对身体的巨大考验。然而，玄奘没有被恶劣的环境所吓倒。他适应了不同的气候条件，无论是面对酷热的沙漠还是严寒的高原，都坚定地迈出前行的步伐。

在漫长的旅途中，玄奘还面临着语言和文化的障碍。他途经的国家众多，每个国家的宗教信仰各异，风俗习惯也大相径庭。各地的语言更是五花八门，交流成为一大难题。但玄奘凭着坚定的信念和聪明才智，迅速学会了各地的语言，与当地人交流，了解他们的风俗习惯和宗教信仰，以开放的心态接纳并融入其中，从而获取前行所需的帮助和支持。他尊重每一种文化，以包容的姿态赢得了当地人的尊重和帮助。

一路上的艰难险阻，如强盗的威胁、物资的匮乏，都未曾让他退缩。相反，他凭借着坚定的信念和顽强的意志，不断调整自己的心态和策略，去适应种种变化。当遭遇强盗时，他冷静应对，寻找逃脱的机会；当物资匮乏时，他节约使用，甚至忍饥挨饿，继续前行。

玄奘适应环境的智慧和勇气，使他在充满变数的取经之路上砥砺前行，最终取得真经，成为人们心目中的英雄。他的事迹激励着后人，在艰险变化的环境中，只要保持信念，拥抱变化，积极适应，便能成就伟大的事业。

小朋友们，从现在起，要努力培养自己适应环境的能力。无论是学习新的知识、掌握新的技能，还是去深入了解新的文化、熟悉新的规则，这些都能成为我们的有力武器，帮助我们更加顺利、更加快速地融入不同的环境之中。

适应环境的智慧是一种综合全面的能力，它需要我们具备敏锐的观察力、灵活的思维、勇于尝试的精神以及良好的情绪管理能力。当我们拥有这些能力时，就能够更好地适应环境，把握机遇，实现自己的人生价值。

强者法则二十　强者需要终身学习

让学习成为一件终身的事

学习不仅局限于校园，而是一个终身的过程。通过不断学习，我们可以提升自我，适应变化的世界。

小朋友们，在这个瞬息万变的时代，学习已经不仅仅是学生时期的任务，而是成为一种终身的追求，也就是老话常说的"活到老，学到老"。让学习成为一件终身的事，意味着我们要不断地追求知识、探索真理、提升自我。

学习是一种态度，是一种对知识的渴望、对未知的探索和对未来的期待。它能够让我们保持对世界的好奇和热情，让我们在面对挑战时更加从容和自信。学习不仅能提升我们的专业技能，更能丰富我们的内心世界，让我们的生活更加充实且有意义。

所谓终身学习，并不意味着我们要一直在课堂上度过，而是要把学习融入日常生活中。我们可以从书本中获取知识，也可以从生活和工作实践中积累经验。每一次的尝试和努力，都是一次宝贵的学习机会。同时，我们也要时刻保持谦虚和开放的心态，向他人学习，汲取他们的智慧和经验。

　　让学习成为一件终身的事，还需要我们具备自律和毅力。学习是一个长期的过程，需要我们持之以恒地坚持下去。我们可能会遇到困难和挫折，但只要我们坚定信念、勇往直前，就一定能够取得成功。

　　本杰明·富兰克林的一生是我们学习的典范。他不仅在年轻时就流露出对知识的渴望，而且这种渴望伴随了他一生。他通过自学成为一位著名的科学家、发明家、政治家和作家。

我的一生是学习的一生。

富兰克林从小就对知识有着浓厚的兴趣。他家境并不富裕，无法接受正规的教育，但他并没有因此而放弃学习。相反，他利用一切可以利用的资源，如图书馆和书店等，来满足自己对知识的渴望。他阅读了大量的书籍，包括科学、哲学、文学等各个领域的著作。

　　富兰克林不仅热爱学习，还善于实践。他将所学的知识运用到实际生活中，发明了许多实用的工具和设备，如避雷针、玻璃琴、富兰克林炉等。这些发明不仅改善了人们的生活，也为他赢得了广泛的赞誉。

　　富兰克林的学习热情并没有因为年龄的增长而减退。他在晚年仍然保持着对知识的热爱，继续进行科学研究和写作。他亲自执笔的《富兰克林自传》是一部经典的文学作品，记录了他一生的经历。

　　富兰克林坚持终身学习的精神为我们树立了一个榜样。他启示我们，学习不仅是学校里的事情，而是伴随一生的事业。无论我们处于什么年龄段，都应该保持对知识的渴望，不断学习和进步。只有这样，我们才能在不断变化的世界中保持竞争力，成为强者。

　　　让学习成为一件终身的事是一种智慧的选择。它能够让我们不断成长、不断进步，变得越来越强大，也让我们的生命更加精彩、更加有意义。

活到老学到老，学到老强到老

学习没有止境，就像人生的道路永无止境。无论我们年龄多大，都应该保持学习的热情。通过不断学习，我们可以不断进步、不断提高自己。

小朋友们，在这个飞速发展的时代，知识更新的速度远远超出我们的想象。因此，学习不应该只是阶段性的任务，而是一种终身的追求。"活到老学到老，学到老强到老"不仅是一句名言，更是一种生活的态度，一种对知识的追求和对未来的憧憬。

学习是一个不断积累的过程，它能够帮助我们拓宽视野，增强能力，提升自我。通过学习，我们可以不断适应社会的变化，跟上时代的步伐。同时，学习也能够让我们保持年轻的心态，充满活力和激情。

史蒂芬·霍金是英国著名的理论物理学家，以其对宇宙学的深入研究和卓越贡献而闻名于世。然而，霍金的学术成就并非一帆风顺。他在21岁时被诊断出患有渐冻症，这种病症会导致肌肉逐渐萎缩和僵硬，最终导致全身瘫痪。虽然身体被禁锢在轮椅上，但他的思想却从未停止探索。在漫长的岁月里，霍金凭借顽强的毅力和对知识的渴望，不断探索宇宙的奥秘。

　　霍金的研究领域涉及黑洞、量子引力以及宇宙的起源和结构等，这些领域的研究对于理解宇宙的本质和演化至关重要。

　　霍金提出了著名的"霍金辐射"理论，这一理论揭示了黑洞并非完全无法被观测到，而是会通过发射黑体辐射的方式逐渐失去质量。这一发现不仅颠覆了传统物理学的认知，也为黑洞的研究开辟了新的道路。

除了黑洞研究，霍金还致力于探索宇宙的起源和结构。他提出了"无边界宇宙"模型，认为宇宙没有明确的边界，而是以某种方式与自身相连。这一理论为解释宇宙的起源提供了新的思路。

霍金的学术成就和人格魅力使他成为全球范围内的知名人物。他的科普著作《时间简史》畅销全球，激发了人们对宇宙奥秘的好奇心和探索欲。

霍金用行动告诉我们，无论面对怎样的困境，无论生命走到哪个阶段，学习都是永无止境的。每个新的一天都有新的机遇和挑战，只要怀揣着对学习的热爱，就能不断提升自己，实现更大的人生价值。

"活到老学到老，学到老强到老"不仅是一种积极向上的生活态度，更是强者的标配。它鼓励我们在人生的每一个阶段都保持学习的热情，不断提升自己的能力和素质，让强者恒强，勇者无敌。